职业教育课程改革规划创新教材

心理健康

刘万军　编著

中国石化出版社
HTTP://WWW.SINOPEC-PRESS.COM
中国经济出版社
CHINA ECONOMIC PUBLISHING HOUSE

内 容 提 要

《心理健康》以学生熟悉的生活、身边的心灵故事案例作为素材，创设任务场景，提出解决心理问题所需要的基本心理知识、技能，使学生带着问题学习，有利于激发学习兴趣和探究欲望，有利于学生在短时间掌握大纲要求的心理健康教育的基本内容。

本书适合作为中职教育教材，也适合对心理健康感兴趣的读者朋友阅读。

图书在版编目（CIP）数据

心理健康／刘万军编著．—北京：中国石化出版社，2020.6

ISBN 978-7-5114-5711-0

Ⅰ．①心… Ⅱ．①刘… Ⅲ．①心理健康-健康教育-青少年读物 Ⅳ．①G444-49

中国版本图书馆 CIP 数据核字（2020）第 083062 号

中国石化出版社出版发行

地址：北京市东城区安定门外大街 58 号

邮编：100011　电话：(010)57512500

发行部电话：(010)57512575

http://www.sinopec-press.com

E-mail:press@sinopec.com

北京科信印刷有限公司印刷

全国各地新华书店经销

*

787×1092 毫米 16 开本 11 印张 259 千字

2020 年 9 月第 1 版　2020 年 9 月第 1 次印刷

定价：33.00 元

前言

PREFACE

根据当前中职特点，教材以职业院校学生提高心理健康水平需要为导向，注重实训，避免抽象空洞的理论阐述，尽可能以具体的案例说明问题。本书的编写思路如下：

一是紧扣教学大纲的同时以提高能力需要为导向，摈弃过多理论介绍，辅以大量探究体验，旨在提高学生的心理素质和心理健康水平。在心理体验活动实训中教会学生应该掌握哪些基础知识，并通过实训提高解决心理问题的能力。

二是每个实训都给出所需的实际的业务要求，使学生在做训练时不感觉空洞，明确每项实训的目的，以便在今后的实际工作生活中遇到同样问题时能够找到解决方法。

三是结合学生的认知特点，本书依据教学大纲安排了“揭秘心理健康　构建美丽心灵”“悦纳自我　健康成长”“和谐关系　快乐生活”“学会学习　有效学习”“提升职业心理素质”等五个项目的教学内容，每个项目下细分若干具体任务，每项任务以“心灵故事”“原因分析”“知识导航”“视野拓展”“心理体验活动”等为框架结构组织学习内容，内容范围确定依据大纲，同时兼顾职业学生的认知特点，并力求贴近学生实际生活和将来的需求，以够用、实用为原则，避免过多的理论阐述，便于教师安排教学和方便学生学习。

四是针对个别需要注意的问题，对延伸的知识点给出了拓展阅读，以引起学生注意，激发学习兴趣。

五是行文风格通俗，提高学生的学习兴趣，易教易学。

六是避免编入难、繁、偏、细的内容，对于理论性较深的知识点注重结果和应用，真正做到以“够用”为原则，侧重于“用”。

七是本教材建议该教学课时数为32~36学时，每周2学时。教学时间30学时，复习考试4学时，机动4学时。课时分配见下表。实际教学时可视教学具体情况适当安排课时。

课程内容	学时
课程介绍	2
揭秘心理健康　构建美丽心灵	4
悦纳自我　健康成长	6
和谐关系　快乐生活	6
学会学习　有效学习	6
提升职业心理素质	6
复习考试	2
机动	4
合计	36

本教材由邯郸市第一财经学校刘万军编著，冀州职教中心周伟、任志伟参与编写。在编写过程中参考了大量相关教材、书籍和网络信息，得到同行和领导的大力支持，在此一并表示感谢。编者能力有限，书中不妥之处，恳望使用者不吝指正。

刘万军

目 录

CONTENTS

项目一

揭秘心理健康　构建美丽心灵

▶教学目标

使学生了解心理健康的概念和标准，理解中职生心理健康蕴含的成长意义。树立心理健康意识，掌握一定的心理调适方法，促进学生形成良好的个性心理品质。

▶教学要求

认知：了解心理健康的概念，理解心理健康的标准，对心理健康有正确的理解。

情感态度：关注自己生理和心理发展特点，追求身心的全面协调发展。

知识运用：能主动进行心理调适，在日常学习生活中能正确对待心理问题，做积极、乐观、勇于面对现实的人。

学习任务1　拥有健康心理

每一个青少年心中都珍藏着一个美好的愿望，希望人与人之间真诚对话，接纳别人，也渴望着被别人接纳。青少年学生正处在身心发展的转折时期，随着各种环境条件的改变，难免会在自我意识、人际交往、求职就业、成长、学习和生活方面产生各种各样的心理困惑或问题。青春岁月里，体魄是健壮的，心理更应该是健康的。心理健康教育能够促进青少年学生的全面发展，帮助青少年学生了解、认识、调适和充实自己，帮助青少年学生看清自我、接纳自我、走出自我，建立一个全新的自我，更好地适应社会和时代发展的需要。

> 毫无理想而又优柔寡断是一种可悲的心理。
>
> ——(英国)培根

心灵故事

某中职学校二年级机械专业的学生张军，是一个令任课老师都非常头疼的学生。从一开始就经常上课迟到、旷课，即使坐在课堂上听课，也是经常心不在焉、左顾右盼，课桌上的书本总是摆放得乱七八糟，在老师讲课时经常接个下腔，喜欢出风头。老师对他批评教育，他摆出一副满不在乎的样子，学习上不认真，脑子却很灵活，成绩处于中等，课下十分活跃，经常和学校的几个顽皮学生在一起玩，偷着出去上网夜不归宿。被老师批评教育后，安分几天，不过很快就又恢复了老样子，安静的时候自己也感到苦恼。

心理问题分析：

家庭的影响：温暖、和谐、民主的家庭会给孩子提供一个良好的家庭氛围，在这样的家庭成长的孩子健康活泼，富有朝气和进取精神。张军的父母常年在外打工，张军跟着爷爷奶奶生活，爷爷奶奶和孩子之间缺乏沟通，又加上年龄大，管理孩子有些吃力，基本上任其自由发展。父母只给孩子每月的生活费，春节回家见到张军，也只是问问他的学习成绩。成绩不理想，就会得到父亲的一顿责骂。家庭环境造成张军任性放纵。

学校的影响：他上课不认真听讲，经常迟到旷课，师生双方缺乏沟通。虽然他特别想引起老师的注意，也希望得到老师的关注，但又常常得不到老师的赞赏，造成他与老师对着干，有抵触情绪，听不进老师的批评，学校对他的思想教育落不到实处。

青春期的生理和心理影响：16~17岁正处于身体迅速发育成长时期，极大地打破了生理和心理之间的平衡。这一阶段心理发展半成熟半幼稚，在这一阶段，一方面以成人自居，另一方面却又受到自身经验和能力的限制，开始有意识地摆脱童年期的直率和纯真，并以怀疑和审视的态度来观察和面对周围的事物。这个阶段容易冲动，行为不易预测，逆反心理比较强，所以对于父母和老师的批评和劝导往往产生抵触情绪。

知识导航

一、心理健康的内涵

从广义上讲，心理健康是指一种高效而满意的、持续的心理状态；从狭义上讲，心理健康是指人的基本心理活动的过程内容完整、协调一致，即认识、情感、意志、行为、人格完整和协调，能适应社会，与社会保持同步。总而言之，心理健康的关键特征是我们在生理、心理和社会适应方面达到协调一致，保持一种良好的心理功能状态。

个体的心理功能状态有三个基本特性：

一是心理活动与客观环境具有同一性。例如青少年学生正处于青春后期，富于想象，幻想未来，这是正常的心理现象。但如果我们整天想入非非，产生幻觉，那则是心理异常的征兆。

二是心理过程之间具有协调一致性，即一个人的认知、情感、意志等心理活动保持自身的完整统一。例如，当一个人对令人愉快的事表现冷漠，对使人痛苦的事却表现热情时，说明他的心理不正常。

三是个性特征表现出相对稳定性。如果在外部环境没有巨大变化的情况下，一个人的个性出现明显的变化，就应考虑心理活动是否出现异常。例如，一个平常沉默寡言的人，突然间变得活泼好动、话语不绝、一反常态，说明这个人可能心理反常。

我国心理学家林崇德教授提出：“心理健康标准的核心是，凡对一切有益于心理健康的事件或活动做出积极反应的人，其心理是健康的。”

二、心理健康的标准

心理学家将心理健康的标准描述为以下几点：

(1) 有适度的安全感，有自尊心，对自我的成就有价值感。

(2) 适度地自我批评，不过分夸耀自己也不过分苛责自己。

(3) 在日常生活中，具有适度的主动性，不为环境所左右。

(4) 理智、现实、客观，与现实有良好的接触，能容忍生活中挫折的打击，无过度的幻想。

(5) 适度地接受个人的需要，并具有满足此种需要的能力。

(6) 有自知之明，了解自己的动机和目的，能对自己的能力做客观的估计。

(7) 能保持人格的完整与和谐，个人的价值观能适应社会的标准，对自己的工作能集中注意力。

(8) 有切合实际的生活目标。

(9) 具有从经验中学习的能力，能适应环境的需要改变自己。

(10) 有良好的人际关系，有爱人的能力和被爱的能力。在不违背社会标准的前提下，能保持自己的个性，既不过分阿谀，也不过分寻求社会赞许，有个人独立的意见，有判断是非的标准。

三、心理健康教育

1. 心理健康教育的目标

学校心理健康教育，就是要使学生的人格得到和谐发展，帮助他们正确地对待自己、接纳自己，认识自己的内在潜力，充分发挥个人潜能；帮助他们确立符合自身发展的积极的生活目标，培养责任感、义务感和创新精神；学会认识环境，正确处理各种人际关系，更好、更快地适应生活、工作和学习环境；掌握社会规范，形成良好的道德品质、积极的人生观和价值观、积极的情绪情感、坚韧不拔的意志品质，养成良好的行为习惯，使他们适应学校生活，为适应未来的社会需要在能力上和心理上做好准备。

2. 心理健康教育的意义

(1) 有利于学生的身体健康成长。青少年学生正处在心理机能迅速发育成熟的时期，因此开展心理健康教育，让学生了解和掌握心理健康教育的内容，及时针对性地施以教育，对症下药；使学生知道什么是健康和不健康的心理，保持心理健康就能促进学生身体健康成长。

(2) 有利于学习、工作效率的提高。健康的心理对于学习、工作的效率起重要的作用，对竞赛技能的发挥更为重要。一个心理健康的人朝气蓬勃，开朗乐观，学习和工作就有动力，效率就高。而一个心理不健康的人常常心神不定，思虑过多，不能集中精力于学习和工作上，既影响生活效率，也大大妨碍创造才能的发挥。

(3) 有利于智力与个性的和谐发展。心理健康对于促进人的智力与个性和谐发展，发挥人类最大的聪明才智，对培养人才具有重要意义，对于处在智力发展成熟和个性形成时期的青少年学生尤为重要。一个人重视心理健康，可使大脑处于最佳状态，更好地发挥大脑功能，有利于开发智力，充分发挥各种能力，有利于个性的和谐发展。

(4) 有利于心理疾病的防治。心理疾病的发生，有一个从量变到质变的过程。我们重视学生的心理健康，就要注意防止和消除产生心理疾病的各种因素，以防止病变的发生和发展。人的心理疾病，大多数是在成长过程中受到各种社会因素的影响而逐渐积累形成的。一旦发现学生有了心理病变的前期征兆，就要及时采取适当措施，使它在萌芽状态中得以终止和消失；如果学生不幸患有心理疾病，应及早采取积极的治疗措施，使之尽快恢复健康。

3. 心理健康教育的基本内容

根据学生生理、心理发展特点，运用有关心理教育方法和手段，培养学生良好的心理素质，促进学生身心全面和谐发展和素质全面提高，是素质教育的重要组成部分，是落实跨世纪素质教育工程、培养跨世纪高质量人才的重要环节。

小链接

美国心理学家马斯洛和米特尔曼提出的心理健康的十条标准被公认为是“最经典的标准”：

(1) 充分的安全感；

(2) 充分了解自己，并对自己的能力做适当的估价；

(3) 生活的目标切合实际；

(4) 与现实的环境保持接触；

(5) 能保持人格的完整与和谐；

(6) 具有从经验中学习的能力；

(7) 能保持良好的人际关系；

(8) 适度的情绪表达与控制；

(9) 在不违背社会规范的前提下，对个人的基本需要做恰当的满足；

(10) 在集体要求的前提下，较好地发挥自己的个性。

4. 培养健康心理的方法

心理健康和生理健康一样重要，生理上能够直接通过做运动锻炼保持健康，那么心理又该怎样才能保持健康呢？

培养健康心理的步骤/方法：

(1) 首先要接受正常的认知教育，基本的读书识字能力要培养起来，闲下来的时候最好学习一些知识，学习一些技能，提高认知能力有助于分辨是非，树立正确的世界观。

(2) 让自己保持一些良好的爱好和习惯，比如学习国画，练习书法，学习舞蹈乐器，多阅读名人、伟人传记等书籍。

(3) 多出门到人多的地方去走动，与不同的人聊天，扩展交际范围，最好的方式莫过于培养一定的兴趣爱好，加入一些相应的协会或者俱乐部，也可以组团旅游。

(4) 要为自己制订一份明确的生活、学习、工作计划表，可以按时间阶段来逐步设置计划，但是一定要写出来，放在自己每天能够看到的地方，每完成一件事可以将该目标勾掉，长此以往能使自己的目标性和责任性更强，有利于心理健康。

(5) 时刻保持积极乐观的心态，早睡早起，合理安排作息时间，适当做一些运动，不要让身体过度疲劳，好的身体状态会让心理更加健康。

(6) 培养感恩的心和宽容的心，对每个帮助自己的人要说一句谢谢，而对伤害过自己的人尽量宽容一点，心里或许会有不舒服，但是尽量不要主动引起纠纷。

(7) 多去参加一些军事化或者准军事化的训练活动，参加一些野外冒险或者生存锻炼的活动，通过锻炼来提高自己的耐力，增强自己面对困难、克服困难的坚定意志，适当地为自己列几个难度稍大的学习或者工作目标，努力完成它。

如果感到心理上有疑问甚至是有一些压抑，应及时找心理医生咨询帮助，恢复健康心理。

四、学习生活中正确对待心理问题

人都有七情六欲，有心理困扰是正常的，不是丢人的事，也不是可怕的事。目前较为普遍存在的一般心理问题有：人际关系沟通与处理、情绪不稳、考试焦虑、自我失控、心理承受力低、意志薄弱、缺乏自信、自卑心理和社交恐惧等，我们应正确对待。

（1）有意识克制不良心理活动，使之向良好心理活动转化。有些同学的心理状态是波浪式的，时好时坏，自己也深为苦恼。这是不良心理与良好心理进行冲突、进行斗争的结果，有时良性占据主导地位，有时反之。当恐惧、烦躁等不良心理出现时，学生就应该克制，或通过转移注意力把它转化。不能随便压抑自己的情绪，一定要给自己的坏情绪找到正当的合适释放的渠道。这其中比较恰当的有：找父母、好朋友倾诉，找个没人的地方大哭一场，等等。其实很多严重心理问题的产生就是由于一些学生不愿意将心中的苦闷发泄出来所导致的，当苦闷遇到孤僻的时候，也就是严重心理问题滋生的时候。

（2）增加愉快的情绪体验，在学习生活中寻找乐趣。学习、生活的某些失败肯定存在，失意也很正常。学生不要把心思全放在分数上，应尽量增加生活、学习情趣，让自己有更多的愉快情绪体验。活得有自我，有信心，不随便胡乱比较。这是保持一种健康心态的生活方式。只有相信自己，才能笑对人生。许多同学其实就是在自己和自己过不去，强迫自己去向一个不可能的高度看齐，向某一个偶像看齐。同时在这种异化的找寻中迷失了真正的自我，这是不可取的。

（3）拒绝孤僻。友谊永远是生活中不能缺少的阳光。和朋友们分享自己的快乐，分担自己的痛苦，这样才会真正体会到生活的滋味。很多人不愿意甚至害怕与人交往，这是一定要改正的缺点。我们生活在一个人与人之间互相联系的世界，如果强行将自己缚在一个茧子内，那一定会滋生许多阴霾。要相信，沐浴在生活温暖阳光下的人们才是不会抛弃生活的。

最后，也是要我们非常明确的一点就是，当我们对自己的心理问题无能为力的时候，我们要懂得向学校的心理咨询老师求助，向外界求助。

心理体验活动

活动目的：锻炼、保持健康的心理。

活动步骤与要求：将同学分组，每5~8人为一组，设小组长一名，体验活动以小组为单位进行。

步骤一　讨论会

（1）谈谈你对心理健康标准的认识，与小组同学讨论你的看法。

（2）归纳整理心理健康的标准。

（3）请同学们分小组讨论心理健康在学习、成长、生活与职业四个方面的具体表现，并在班级中报告讨论结果。

（4）搜集心理健康的锻炼方法，并尝试运用。每人制订一份加强心理健康的锻炼活动计划，附带一份自省帖，提交书面材料。

步骤二　体验时刻

（1）欣赏电影《浪潮王子》(可以提前抽时间)。

（2）请同学们谈谈对这部电影的感受，提交书面材料。

步骤三　明辨是非

（1）只有性格内向的人才容易患心理疾病。

（2）心理疾病或障碍只有在别人看出来时才有必要去求助心理医生。

（3）坚强的、成功的人不容易患心理疾病。

（4）心理不健康是一件令人丢脸的事情。

（5）心理问题也有对错。

（6）如果偶尔出现了一些不健康的心理和行为，就是有了心理问题。

（7）所谓“悦纳”自我，就是要认为自己的一切都是好的。

（8）心理疾病不会影响到身体健康。

（9）身体不健康不会引发心理不健康。

（10）有心理问题的人精神都不正常。

人都想心理健康，但又不知道什么叫心理健康；人都不想有心理障碍和心理疾病，但又不知道什么是心理障碍和心理疾病。

步骤四　自我测试

现在给你提供一些心理健康情况自测题，通过它，你会了解自己的心理健康情况：

（1）最近总是看什么都不顺眼，动不动就想发脾气，甚至想与人吵(打)架；

（2）经常喜怒无常，情绪不稳；

（3）常常感到胸部发闷，嗓子被堵；

（4）总有一种莫名其妙的忧虑，甚至恐惧；

（5）不知为什么总是心烦意乱，坐立不安；

（6）一人独处时总感到害怕、紧张；

（7）经常担心别人对自己有不好的看法，因此害怕与人交流；

（8）看书时，周围很小的声音也会听到，有时还会清楚地听到自己的心跳；

（9）总担心房子会突然倒塌，屋顶上的吊扇会突然掉下来砸到自己，看到行驶的车辆就觉得会撞到自己，或总担心会发生什么危险的事情；

（10）对有些东西或场景特别害怕；

（11）别人丢失了东西到处寻找，会产生“是自己偷了”的念头；

（12）反复回忆过去一些无关紧要的事情或细节，明知无必要也无法控制；

（13）对所做的事总不放心，要反复检查；

（14）常有一些明知无意义又无法自控的行为(如反复洗手等)；

（15）看见刀、尖锐物或身处易发生危险的场所（如悬崖边等），总有伤人或自伤的冲动；

（16）心中常有一些与自己愿望相悖或十分荒谬的，甚至是不道德的想法或字句在盘旋；

（17）对异性怀有高度戒备的心理；

（18）觉得自己特别优秀，特别在意别人的赞美，感到周围的人都想讨好自己；

（19）总觉得自己心里想的事别人都知道，因此不敢见人或不敢与人对视，害怕别人看不起自己；

（20）总觉得有人在监视自己，在偷偷议论自己，鄙视自己，甚至在谋划迫害自己；

（21）感到身体不舒服，经医生检查确认无病，但怀疑医生的结论不正确，反复找医生诊治；

（22）患了感冒、肠胃炎、咽炎等疾病，总觉得症状比别人更厉害；

（23）到医院去探望病人，之后会感到自己也患上了同样的疾病；

（24）常感到头上箍着一道紧箍，整天疲乏无力，萎靡不振；

（25）总是看见自己身上的缺点，觉得不如别人，因此感到自卑；

（26）觉得生活中没有值得高兴的事，人生一点意义都没有；不想见人，总想一个人关在屋子里蒙头睡觉；

（27）觉得和家里的人以及周围的人无话可说，几乎没有一个可以坦诚交谈的朋友；

（28）觉得没有人注意自己、喜欢和关心自己，人们都在忙个人的事情，根本不会为自己的不幸而伤心；

（29）认为自己有错，甚至有罪，应该受到惩罚；

（30）总是把自己的喜悦或痛苦以夸张的方式向别人表述，以期引起别人更多的关注；

（31）为了显示自己的高贵和与众不同，购物消费往往不考虑自己的经济能力；

（32）有时会无缘无故地晕倒；

（33）身体有时会突然无缘无故地发热；

（34）有时会突然无缘无故地想笑或想哭，情绪表达会不顾场合，难以自控，有歇斯底里的倾向；

（35）有时会突然失语、失聪、失明或手足瘫软，过一段时间又会自行恢复；

（36）经常有一种失控或被控的感觉；

（37）总觉得有人在背后跟着自己，企图加害自己；

（38）对有些事情耿耿于怀，而对日常应该做的事却不能集中精力，甚至会不自觉地停下正在做的事情；

（39）常能听见别人听不见的声音或出现其他幻觉；

（40）有时认为周围的人与自己截然不同；

（41）常常视自己的父母兄弟如路人一般；

（42）忽然感到平时熟悉的环境十分陌生，甚至有一种不真实的感觉；

（43）常分不清睡眠和清醒的界限；

（44）衣着打扮不修边幅或追求奇特，不顾别人的议论。

注意：

（1）凡有以上情况的都在一定程度上存在心理不健康的问题；

（2）所谓的心理障碍就是别人认为能做（或不能做）的，你却认为不能做（或能做），其思维、情感和行为与别人明显不同；所谓的心理疾病一般是指烦躁、焦虑、恐惧、妄想、强迫、抑郁、癔症、精神分裂等心理体验或症状；

（3）心理障碍或心理疾病是一种灵魂受伤的特殊状态，它与身体所受到的物理伤害表现不同，其痛苦的感受也不一样，其治疗的方法也截然不同；

（4）以上情况你占有得越多和越往后，则心理问题或疾病就越严重。

步骤五　体验活动结果展示

各小组长将本组个人提交的资料收齐，并就总体情况做出总结，在全班面前展示，供同学查验，要求有活动过程的介绍、发现的问题以及改进措施及其理由。

步骤六　任务评价

1. 小组活动评价标准

组长负责分配不同的组员去完成任务，每个成员完成全部实习规定的各个环节的体验，每个实习阶段每个环节都体验到，有具体的情景描述。组长负责组内分数评定：完成任务，得 30 分；如果有漏错等情况，分别给予扣减相应的分值。

（1）态度：服从组长分配，用心完成任务，并找到自己在活动中易出错误的地方，与小组成员进行讨论，大胆阐明自己克服错误的方法。

（2）互助与合作：帮助组内其他成员解决问题，与小组成员一起分享观点，分担任务和责任。

（3）倾听：认真倾听他人的观点，并能针对其他成员的交流提出自己的观点与见解。

（4）展示与效果：代表小组发言，能全面、准确地汇报小组共同学习成果。

小组成员评价意见如表 1–1 所示。

表 1–1　小组成员评价表

________小组名称　　　　　　　　　　　　　　　　组长：________

小组成员	态度 10 分	互助与合作 5 分	倾听 10 分	展示与效果 5 分

2. 教师评价标准

教师负责评价每组的任务完成情况，量化评价标准，对工作结果进行评价。总分值最高为 70 分。教师对小组进行评价的标准如表 1–2 所示。

表 1-2　小组学习评价指标

序号	评价指标	分值
1	能在规定时间内小组合作完成活动任务，顺利展示。观点正确，表述逻辑性强	60~70
2	能在规定时间内完成体验任务，能做展示。有自己的观点，表述清楚	50~59
3	获得老师或其他组的帮助能完成工作任务，有展示	40~49

3. 教师点评

教师进行点评时，汇总小组内评价，教师对小组评价后进行总结点评，每个学生最后得分为所在小组分值加上成员评价分值。

学习任务 2　适应新环境

人是自然与社会的统一体。婴儿出生时只是自然的生物的人，要转化成社会的人，就必须经历社会化的过程。人的社会化即个体与社会不断调整适应的过程，人的生命就是不断地适应与再适应。周围的环境是不断变化的，人们必须不断调节自己的行为才能适应这种变化。面对新的学校、新的班级、新的老师、新的同学、新的学习任务需要适应；面临陌生的人、陌生的事以及紧急情况、危险情况需要适应；对于自己的成长变化、挫折与失败也同样需要适应。适应能力是人类战胜自然、改造社会、改造自己的必备素质。当环境不能改变时，我们可以改变自己去适应环境，互相融合了，才能更轻松地成长、学习。

人有着惊人的潜力，只要立志发挥它，就一定能渡过难关。

——戴尔·卡耐基

心灵故事

张晓燕，15 岁，来自乡镇农村，性格内向，做事比较要强。在家中排行第二，有一姐姐和一弟弟。从小学到初中一直都住在家里，除学习以外的一切事务均由父母和姐姐代劳，自理能力较差，学习刻苦，成绩比较优秀。考入某中职学校财会专业，入学两个多星期来一直很想家，晚上睡觉失眠，食欲减退，上课经常走神，不爱说话，和同宿舍的同学也很少交往。看着同学们每天开开心心地生活、学习，总感觉自己是个傻子，不知道自己每天该做什么。经常烦躁，也不愿意和老师和同学们交流，多次提出要退学回家。

心理问题分析：

处于青年期，情绪容易波动，对所处状况感到无能为力。从小学到高中一直住在家里，现在到学校要自己照顾自己，不适应集体生活；认为照顾不好自己的生活就无法完成学业；个性追求完美，自尊心强，性格内向；人际交往能力较弱，缺乏有效解决问题的能力。家庭教育者父母对孩子学习方面要求较高，没有培养其自理能力等，造成孩子不愿和老师、同学交流，缺乏可用的社会支持系统。

知识导航

人对环境的适应不是被动的，而是积极主动的，人在适应环境的同时还可以改造环境。主动适应就要求学生在适应环境的同时还要自觉地改造环境，同学们可以积极、主动地创设一个良好的学习环境，比如班集体。一个良好的班集体会使每个成员产生集体的归属感、认同感和团结感，保证每个成员获得最大的心理满足，就能激发并促进其学习热情、克服困难、增强信心与力量，大大提高教学的效率，而和谐的班集体是靠大家共同创设的，需要每个同学付出努力。初到一个陌生的环境，难免会有局促感，面对陌生的人和事，有时候会觉得不知所措，这就是因为你还没适应新环境，那么怎么样适应新环境呢？

一、主动调整心态

首先要积极主动地去进行心态的调整，不断提高生活上的自理能力，尽快适应新的生活方式。同学们要认识到环境变化是人生道路上的正常现象，到了一个新环境后，学习、生活等条件发生了巨大的变化，同学们应尽快了解新环境、熟悉新同学。你可以通过了解学校的历史、变迁等来了解新环境；你可以通过快速记住同学的名字、了解同学的兴趣爱好等熟悉新同学，并寻找自己的新朋友，彼此熟悉了就能消除陌生感。记住，到了一个新的班集体，你一定要改变恋旧心理，积极结交新的朋友，感受新的友情，从而培养起对新环境的适应能力和自我调适能力。

二、培养独立意识

学生之间的关系是通过交往产生的，学生的人际关系主要受下列因素的影响：空间距离、交往的频率、类似性因素、需求的互补、能力与特长、开朗的性格以及仪表、外貌、风度等。这些因素都会影响学生之间关系的形成和发展。与同学交往状况如何，对自己能否顺利适应新环境有重大影响。你可通过积极参与一些群体活动，增加同学间的认识、交流、了解的机会。当然在交往过程中，要学会互相谦让、互相关心，不能总想着自己、怜悯自己，还应想着别人、体恤别人，以便顺利结交新朋友。缩减独处的时间，不要过久地沉浸在自己的孤独之中，要及时地排解内心的抑郁，及时地和老师、同学沟通，获得他们心理上的理解、支持和帮助。

三、参加集体活动

多参加集体活动可以减少孤独感，帮助自己尽快适应校园的环境，在这些活动中，可以接触到许多同学，在与他们的交流中，你将有很多收获。在班级中担任一定的工作，获得一定的锻炼，能力得到提高，生活得到了充实，也就会更快地适应新的校园生活。

四、良好师生关系

在职业学校学生的人际交往中，师生关系是很重要的一个方面。研究表明：良好的师生关系有利于学生较快地适应变化了的新环境，也有助于学生良好心理品质的培养。良好的师生关系是指师生之间在心理上形成的稳定、持续、比较融洽和亲密的关系，它要靠师生双方共同努力来建立，正如陶行知所说的："教师的成功，是创造出值得自己崇拜的人。先生之最大的快乐，是创造出值得自己崇拜的学生。说得正确些，先生创造学生，学生也创造先生，学生先生合作而创造出值得彼此崇拜之活人。"可以说，师生的合作是进行教学工作的前提。师生关系融洽了，学生就乐于接受教师的要求，并转化为主观需要，有了这种关系和环境，学生会形成一种完全接纳教师的教学指导和教育措施的心理倾向，也有助于学生对新环境的适应。

五、自信自立自强

对于学习、实训中的困难，要主动向老师请教，及时解决疑难。同时，需要指出的是，面对新环境的各种不适，也只有以积极的心态，变压力为动力，才能适应新的学习环境，迎接新的挑战。因此，作为青少年学生要以一颗平常心，认清自身人格发展的弱点，在集体活动中进行适应环境的体验，增强适应新的环境的自信心，发展自己独立的人格，从而培养起适应环境的能力。

六、行为举止规范

进入职业学校，许多行为规范发生了变化。一进入校门，就要认真学习学校的校纪、校规，知道作为一名青少年学生，该做什么，不该做什么，努力进行行为规范的训练。

锦囊小贴士

1. 合理安排作息时间。我们常说好的开始是成功的一半，建议大家一入学就养成良好的生活习惯。要学会打理日常生活，合理地安排作息时间，形成良好的作息制度。

2. 学会照料自己。我们要养成好的生活习惯，要学会整理床铺，经常收拾房间；还要养成好的卫生习惯，学会自己洗衣服。

3. 学会处理人际关系。在校园里我们除了要学习知识外，还要学会做人，学会处理人际关系，这将为我们今后进入社会妥善地处理人际关系打下良好的基础。

4. 学会理财。

七、熟悉校园环境

入校后能否迅速地了解和熟悉校园环境，决定了新生能否在这个环境中顺利自如地生活、学习。

首先，要尽快熟悉校园的"地形"。入校后一安排好行李，马上就到校园的各处熟悉情况，例如，了解教室、图书馆、商店、超市、银行在什么地方，了解实验室、复印店、录音室、书店、微机机房的开放时间和使用方法等。食堂什么时候开饭，如何购买澡票，甚至学校有几个门等等，都在短时间内了解清楚。这样，在办理各种手续、解决各种问题的时候就会比别人更顺利、更节省时间。

其次，要了解校园文化：如校训、学校荣誉、学校的第二课堂等各项活动开展情况与要求等等。

了解学校的各项管理制度：学校对专业知识的学习要求以及德智体美劳的全面要求特色，了解环境卫生、个人卫生要求及宿舍管理制度等。

再次，要多向高年级的同学请教。直接向高年级的同学请教是熟悉校园环境的一个最快捷的方法，一般来说，高年级的同学都比较愿意把他们的经验传授给新生，以帮助新生尽快适应校园生活，尽量少走弯路。另外，向自己的同乡请教也是不错的选择。

与此相反，某些新生显得非常拘谨，生怕走远一点儿就会迷路，又不好意思开口向别人寻求帮助，最后不得不尽量少走动、少说话，实在迫不得已就跟在别人的后面，这是不足取的态度。

最后，要尽快适应语言环境。如果有同学是从中小城市或乡镇农村到大城市来读书的，由于地区差异，可能普通话都不太标准，这样不仅会影响他的人际交往，也会影响他的自尊心和自信心，使他在与别人交往过程中因自卑而退缩。因此，对语言环境的适应也是不容忽视的。新生要尽快适应语言环境，使自己早日消除因地方语言带给同学的陌生感，有利于自身角色的转变和将来的学习与工作。

总之，到了一个新的环境，青少年学生要对自身的情感、认识、行为等心理因素进行调整，积极地面对新的环境，因为你有权利、有责任也有能力为创设一个良好的学习环境而努力。特别需要重视的是，在班级中担任一定的工作，也能帮助学生尽快适应校园生活。对环境适应快的新生，很快就能成为班级中的核心人物，并担任一定的班级工作。这样与老师、同学接触得越多，掌握的信息越多，锻炼的机会也越多，能力提高就会更快，自信心也就会逐渐建立起来。

故事阅读

《古兰经》里有这样一个经典故事：有一位力大无比的大师，从小立志要练就一身移山的本领，他朝着这个坚定的目标去努力。他练啊练啊，几十年过去了，终于练成了“移山大法”。

有一天，很多人找到这位会移山的大师说：“大师，我们听说你会移山的法术，能不能让我们见识一下?”这位大师说：“好吧，我就让你们看看我的移山大法，就把对面那座山给你们移过来吧。”

说完，大师在一座山的对面坐了一会儿，一个小时过去了，对面的山纹丝不动，只见大师起身走到山的另一面，大部分人都嘲笑大师无能，也有一些人好奇地跟着一起往前走。大师回头对众人说：表演完毕。众人不知这是什么意思，大师笑了笑说：这个世界上根本不存在什么移山大法，唯一能够移山的办法就是：山不过来，我便过去。

这个故事启示人们一个道理：无论做什么事情，都要学会转变思维角度，学会变通。如果事情无法改变，我们就改变自己。要想事情改变，首先得改变自己，这样才可以最终改变属于自己的世界。

世上本没有什么移山之术，只有一种精神——坚定不移。人改变不了外部世界，但却可以改变自己，通过这样的办法，才能最终改变属于自己的世界。“山不过来，我就过去”反映了一种生存的智慧。

心理体验活动

活动步骤与要求：本任务共有四项活动，将同学分组，每 5~8 人分为一组，设小组长一名，体验活动以小组为单位按照顺序完成四项活动。每项活动按要求提交相应的个人书面体验总结材料，组长汇总整体情况，结合文字材料可提供活动情况的小视频的影像资料。

活动一：认识新同学

活动目的：为学生提供交往的机会，促使全班学生在入学后尽快互相认识与了解，增加学生对班级同学的情感，促进学生对班级的归属感。

活动步骤：

（1）个人名片：

① 每位学生制作一张个人名片挂在胸前，名片写上自己的姓名、年龄、爱好等。

② 全班学生任意走动，可以互相观看名片，并与交换名片的学生自由交谈。

（2）找伙伴：

① 教师将全班同学随机分成几个小组，每组 8~10 人。按小组数剪几个“心”形纸片，再把每个“心”形纸片按小组人数随意剪成几块，在每一块上写上一位学生的姓名。

② 教师把活动前准备的纸片发给大家，要求学生按照纸片的形状寻找自己所在的小组，直到小组的成员聚齐为止。

③ 小组成员互相介绍自己的姓名、家庭住址、原来所在的小学、自己的兴趣爱好等。

④ 教师收回“心”形纸片，将其多次打乱顺序让学生抽取，寻找他们的小组，以增加学生认识新同学的机会。

（3）采访新同学：

① 教师采访一位小组成员，然后由这位成员采访另一位成员，如此反复进行，直到小组成员都被访问。访问内容主要是姓名、兴趣等个人资料。

② 自由采访。学生可以打破小组限制，随意采访班里的学生。

（4）读写姓名：

① 要求学生写出班里学生的姓名。

② 小组讨论容易写错与读错的学生姓名。

③ 各小组派代表在全班交流。

（有条件的学校可以设计组织班级或校际之间的联谊活动，促进陌生同学之间的面对面的交流。目的在于锻炼适应新环境、与陌生人相处的能力。）

活动二：享受学习

活动目的：帮助学生掌握中学学习方法，培养良好的学习习惯。

活动步骤：

（1）入学感受：

① 小组讨论小学学习与中学学习生活有什么不同。

② 小组讨论与交流每一门课的主要学习方法。

(2) 学习医生：

① 教师将学生分成几组，将事先准备好的表演情节分别交给每组，让学生根据相应的情节进行表演。情节包括：被动、依赖、马虎等不良的学习态度，边看电视边写作业、打游戏很晚才写作业等不良学习习惯等。

② 表演完毕，学生讨论剧中人存在哪些不良的学习问题，应该如何矫正。

③ 教师在学生讨论后做总结，为学生提供一些学习方法的知识。

(3) 我的学习计划：

① 制订个人学期学习计划、月计划、周计划。

② 小组交流讨论学习计划。

③ 与小组成员两人结伴订立学习计划及实施契约，请同学帮助监督学习计划的实施。

活动三：班级的目标与规范

活动目的：建立班级目标与规范，增加班级凝聚力，树立良好的班风。

活动步骤：

(1) 没有规矩，不成方圆：教师讲解订立班级目标与建立班级规范的意义。

(2) 我们的班规：

① 小组讨论分析本班发展状况，找出满意与不满意的地方。

② 各小组订立班级发展目标与规范。

③ 小组合作进行美术设计，将小组订立的班规制作成墙报。

④ 小组代表发言，介绍自己小组的合作情况及解释小组订立的班规。

⑤ 评出最佳班规、最佳美术设计、最佳解说。

⑥ 教师与学生一起整合出本班本学期的发展目标与规范。

活动四：我信任的班集体和同学

活动目的：增加学生间的亲和力与彼此的信任感。

活动步骤：

(1) 盲人走路：

① 学生两人一组。一学生蒙上眼睛做盲人，另一学生做向导，帮助他走完一段设有障碍的路。

② 两学生互换角色，重走一遍。

③ 讨论：活动过程是否顺利？活动过程中遇到什么？做盲人和向导时心里的感受是什么？你对向导有信心吗？你是如何帮助盲人的？你是一个成功的向导吗？本次活动你得到哪些有益的启示？

(2) 信任后退：

① 学生两人一组。一学生后退三步摔倒，另一学生救助他，不让他摔倒。

② 两学生互换角色，重来一遍。

③ 讨论：你按照要求摔倒了吗？如果你没有做到，解释为什么？你信任你的合作

者吗？你是一个值得信赖的合作者吗？你更愿意做摔倒者还是救助者？谈谈本次活动的体会。

班级心理辅导活动的成果需要在辅导后进一步巩固，使学生将在辅导中学来的知识与技能应用到实际生活当中去。所以，辅导后教师可以给学生布置心理作业。如写每次活动后的体会，将自己在辅导活动中的成长与进步记录下来，给同学打电话，到同学家拜访，几个学生合作为班级做一件好事等等。

体验活动结果展示

各小组长将本组个人提交的资料收齐，并就总体情况做出总结，在全班面前展示，供同学查验，要求有活动过程的介绍、发现的问题以及改进措施及其理由。

任务评价

1. 小组活动评价标准

组长负责分配不同的组员去完成任务，每个成员完成全部实习规定的各个环节的体验，每个实习阶段每个环节都体验到，有具体的情景描述。组长负责组内分数评定：完成任务，得 30 分；如果有漏错等情况，分别给予扣减相应的分值。

（1）态度：服从组长分配，用心完成任务，并找到自己在活动中易出错误的地方，与小组成员进行讨论，大胆阐明自己克服错误的方法。

（2）互助与合作收获：帮助组内其他成员解决问题，与小组成员一起分享观点，分担任务和责任，能运用心理知识，有收获和提高。

（3）倾听：认真倾听他人的观点，并能针对其他成员的交流提出自己的观点与见解。

（4）展示与效果：代表小组发言，能全面、准确地汇报小组共同学习成果。

小组成员评价意见如表 1–3 所示。

表 1–3　小组成员评价表

________小组名称　　　　　　　　　　　　　　　　　　　　组长：________

小组成员	态度 10 分	互助与合作收获 10 分	倾听 5 分	展示与效果 5 分

2. 教师评价标准

教师负责评价每组的任务完成情况，量化评价标准，对工作结果进行评价。总分值最高为 70 分。教师对小组进行评价的标准如表 1–4 所示。

表 1-4 小组学习评价指标

序号	评价指标	分值
1	能在规定时间内小组合作完成活动任务，顺利展示。观点正确，能运用心理知识，表述逻辑性强	60~70
2	能在规定时间内完成体验任务，能做展示。有自己的观点，表述清楚	50~59
3	获得老师或其他组的帮助能完成工作任务，有展示	40~49

3. 教师点评

教师进行点评时，汇总小组内评价，教师对小组评价后进行总结点评，每个学生最后得分为所在小组分值加上成员评价分值。

项目二

悦纳自我　健康成长

▶教学目标

使学生懂得悦纳自我对于健康成长的价值，了解悦纳自我、直面人生挫折和困难的方法。培养积极、乐观、勇敢、坚强等心理品质，具有健康的生活态度和行为习惯。

▶教学要求

认知：了解自己的性格特征、行为方式和成长规律。学会正确认识自己，悦纳自己。

情感态度观念：积极接纳自我，学会欣赏自我，敢于接受生活的挑战，追求自己的人生价值。

运用：直面成长中的心理行为问题，做自信快乐的人。把握青春，健康成长。

学习任务1　学会悦纳自己

台湾作家三毛曾说过：一个不会悦纳自己的人，是难以快乐的。生活中，我们往往对自己有着不恰当的评价，这对个人的健康成长是非常不利的，也容易使人心理上产生自卑。如何才能做到真正的悦纳自己呢？

知道事物应该是什么，说明你是聪明的人；知道事物实际上是什么，说明你是有经验的人；知道怎样使事物变得更好，说明你是才能的人。

——(法国)狄德罗

心灵故事

李冰莹是职业学校财会专业一年级的学生。在初三年级的时候学习成绩一直都不错，是重点高中的苗子，父亲开大货车，有一个弟弟在读小学，家境也算殷实。天有不测风云，在临近中考的时候，父亲在一次车祸中意外丧生，事故鉴定超载、超速驾驶负主要责任，家庭遭受重大打击。突如其来的遭遇，令平日开朗的李冰莹从此像变了一个人，整日沉默寡言，闷闷不乐，结果中考失利，与重点高中无缘。曾几度打算到外边去打工，经母亲苦苦劝说，无奈上了县职业学校。入学后，从不和同学们主动搭话，课堂上老师提问到她，也总是说不知道，人也变得非常敏感，别人不经意的一句话，她认为在说自己，和她成绩差不多的同学都上了重点高中，她感到社会抛弃了她，自己也瞧不起自己，心里非常苦闷。

心理问题分析：

李冰莹因家庭变故，中考失利，自己的心理倾向发生问题，从心理上不能接受自己，不能正确地认识自我、客观地评价自己，可以说是几乎完全否定了自己，给自己贴上了“我不行，我就是一个失败者”的标签，感到自己的前程黯淡无光，对生活学习失去了兴趣，对一切失去了信心。请分析自己周围是否有类似情况，并分析发生类似现象的原因。

知识导航

一个人必须在正确的自我认知基础上，正确地自我悦纳、积极地自我体验、有效地自我控制。自我悦纳是自我意识健康发展的关键所在。悦纳自我首先要接纳自己，喜欢自己，欣赏自己，体会自我的独特性，在此基础上体验价值感、幸福感、愉快感与满足感；其次是理智与客观地对待自己的长处与不足，冷静地看待得与失。每个人身上都有着无数的闪光点，重点在于寻找你自己的闪光点并将其构成亮丽的人生风景线。

如何做到真正的悦纳自己呢？请尝试如下的方法步骤。

一、积极主动扩展自己的生活范围

一个人社会接触面越广，经验越丰富，就越能真切地体验生活，并且自然而然地能较客观地评价自己的才能和品质。

二、肯定自己的价值

无条件地接受自己、完善自己，懂得每个人都是独一无二的，谁都不可能是十全十美的，每个人都有各自的长处和短处、优点和缺点。可以加以改进的缺点理所当然地应尽力去改，然而有些弱点出于能力所及或生理缺陷的话，也就无须过于折腾甚至抱憾终生。同时，也不必过于向别人隐蔽或躲藏，乐得轻松大方。

生活中要合理地对待得与失，世界上完美的事物很少，对别人不应过分苛求，对自己也不能太过刻薄。必须无条件地接受自己，肯定自己的价值，感到愉快和满足。坦然地承认自己的不足之处，克服缺点，不断完善自己。

三、改变心态，接受事实

改变自己从原生家庭中带来的不合理的心理逻辑，将注意力转移到自己身上，不期望别人为自己改变。自己才是自己问题的答案，努力改变自己。接受自己有个不称职的父母的事实，接受自己童年不愉快的经历和悲惨的记忆，从而改变自己潜意识中的改造梦想。

四、适当表达愤怒

尊重自己的愤怒，并带着这种情绪和引起你愤怒的人沟通和交流，而不是压抑住自己的愤怒，听任它进入自己的潜意识，伺机爆发。

五、建立比较现实的追求目标

没有抱负的人，常被喻为没有航向的飞机，飞不了多远就会栽倒。但抱负过高，超过了自己的能力而无法达到，就会经常陷于失败和痛苦之中，久而久之就会打击自己的意志力。每个人都应该把追求目标恰当地定在能够达到的适中位置上。

六、改变衡量自己的尺度

现代社会往往从金钱、学历、职位这些角度来衡量人，随着竞争机制的不断引进，这种现象可能还会加剧。生活在这样的环境里，自然而然也会用这样的标准衡量自己。可惜这把衡量人生价值的尺子是不尽公正的，金钱、学历、职位、地位等不完全是由个人因素决定的。因此，一方面不能以自己“高”去讥笑别人，另一方面也不必为自己之“低”而自觉卑下。人是为了发展自己的潜能而生活，不应该为了与别人比较而生活。一个人纵然有许多地方低于别人，也总有自己独特擅长的一方面。重要的是能够把握自己的长处，不断进取，充分发展，才是做人的价值所在。

小链接

自我意识与形成

自我意识是对自己身心活动的觉察，即自己对自己的认识，具体包括认识自己的生理状况(如身高、体重、体态等)、心理特征(如兴趣、能力、气质、性格等)以及自己与他人的关系(如自己与周围人们相处的关系，自己在集体中的位置与作用等)。自我意识是一个人对自己的认识和评价，包括对自己心理倾向、个性心理特征和心理过程的认识与评价。正是由于人具有自我意识，才能使人对自己的思想和行为进行自我控制和调节，使自己形成完整的个性。自我意识在个体发展中有十分重要的作用。

首先，自我意识是认识外界客观事物的条件。一个人如果还不知道自己，也无法把自己与周围相区别时，他就不可能认识外界客观事物。其次，自我意识是人的自觉性、自控力的前提，对自我教育有推动作用。人只有意识到自己是谁，应该做什么的时候，才会自觉自律地去行动。一个人意识到自己的长处和不足，就有助于他发扬优点，克服缺点，取得自我教育积极的效果。再次，自我意识是改造自身主观因素的途径，它使人能不断地自我监督、自我修养、自我完善。可见，自我意识影响着人的道德判断和个性的形成，尤其对个性倾向性的形成更为重要。

从意识活动的形式来看，自我意识表现为具有认知的、情绪的和意志的形式。属于认知形式的有：自我感觉、自我观察、自我概念、自我印象、自我分析和自我评价等，统称“自我认知”。属于情绪形式的有：自我感受、自爱、自尊、自恃、自卑、自傲、责任感、优越感等，统称为“自我体验”，以体验的形式表现出个人对自己是否悦纳的情绪。属于意志形式的有：自立、自主、自制、自强、自卫、自信等，可以统称为“自我控制”。自我意识的这三种形式联系在一起，凝聚在一起，形成了个人对自己自觉的观念系统。

健全的自我意识形成

一、正确的自我认知

“人贵有自知之明”，全面而正确的自我认知是培养健全的自我意识的基础。自我认知是从多方位建立的，既有自己的认识与评价，也有他人的评价。我们不妨自己认真仔细地想一想，用尽量多的形容词描述自己，要忠实于自己的内心。在此基础上进行第二步，他观自我的描述，描述父母眼中的我、同学眼中的我、老师眼中的我、兄弟姐妹眼中的我，你再寻找这些描述中共同的品质，将其归类。你描述的维度越多，你越会找到比较正确的自我。

小链接

二、客观的自我评价

“不识庐山真面目，只缘身在此山中”，每个人在生活中很难做到客观地认识自己，不能客观地看待自己，往往受所生活的环境的影响，受事物变化的影响。要正确地认识自我，客观地评价自我，从内心接受真实的自我，关注自己的成功，并将优势积累，体验成功与快乐。

三、积极的自我提升

提高自我效能感是个体在一定情境下对自我完成某项工作的期望与预期。当人们期望自己成功时，他必然会尽自己最大的努力并且当面临挑战性任务时，会表现出更强的坚持力，从而增加了成功的可能性，自我效能感高的人一般学业期望较高，也就是说，自我效能感与成就动机呈正相关性。另一条途径是克服自我障碍，我们经常会有这样的感觉：体验对自己能力程度的焦虑带来的不安全感，这便是一种自我障碍。我们听说了太多的这样的故事：由于考试前身体不好，所以在考试中没有取得好成绩。这便是典型的自我障碍，为自己的考学不成功找到了适当的借口。一个渴望自我发展的人必须主动克服自我障碍，进行积极的自我提升与自我尝试。积极的自我在尝试中会发现自己的新的支点。

四、关注自我成长

自我的发展需要不断地自我反思、自我监控。但将成长作为一条线索贯穿于人的始终时，整理自己成长的轨迹显得尤为重要。依照发展过程，深刻了解与把握自己。要记住：自我体验永远是个体的，当我们在分享他人自我成长的硕果时，也在促进我们自己的成长。

心理体验活动一

活动目的：锻炼、保持健康的心理，提高正确评价认识自我的意识。

活动步骤与要求：将同学分组，每 8 人分为一组，设小组长一名，体验活动在组内进行。

学生活动内容：

(1) 小组交流：

① 以小组为单位(4 人为一组)，每个同学都围绕着中心“我认识自己、欣赏自己”做出肯定评价，包括谈谈自己的优缺点、个性、品德、特点、学习态度、欣赏自己哪个方面等等；

② 小组同学之间互相欣赏、评价。

(2) 小组讨论。各小组讨论：“我不比别人矮一截”“人贵有自知之明”等自我认识和自我接纳观点。

（3）全班分两大组辩论：正反方各 4 名代表进行辩论。正方辩题：“我不比别人矮一截”。反方辩题：“人贵有自知之明”。

（4）辩论赛后，当场宣布优胜者名单（如有条件，可发给学生奖品）。

通过这次活动，认真体会每个人都有缺点和优点，关键在于你如何对待它。对自己了解得愈全面，愈接近实际，也表明自己愈成熟。同时，自己对自己的一切不仅要充分认识，还要坦然地承认，欣然地接受。怀着悦纳自己的心情，把自己看成是有价值的、值得尊敬的人。

记住卡耐基的这一段话：“发现你自己，你就是你。记住，地球上没有和你一样的人……在这个世界上，你是一种独特的存在。你只能以自己的方式歌唱，你只能以自己的方式绘画。你是你的经验、你的环境、你的遗传造就的你。不论好坏与否，你只能耕耘自己的小园地；不论好坏与否，你只能在生命的乐章中奏出自己的音符。”

心理体验活动二

（1）为了让学生更全面地了解自我、认识自我，每天给自己一些时间去有意识地观察自己的言行。可结合下列几个题目进行反省：

① 我的身体健康和心理健康情况如何？

② 我的主要兴趣在哪里？

③ 我的智力和能力如何？是否很好地发挥出了作用？

④ 我的人际关系如何？

⑤ 我的专长是什么？

⑥ 我的个性和品德怎样？

⑦ 我的理想和志向如何？

⑧ 我的学习态度、努力程度和学习效果如何？

反省时，每次以一两个问题进行思考，能与写日记结合起来，效果更好。

（2）积极参加各种有益的活动，如“告诉你，我是谁？”（如联系个人实际以“我”为主语造句），并通过这些活动认识自我，悦纳自我。

体验活动结果展示

各小组长将本组个人提交的资料收齐，并就总体情况做出总结，在全班面前展示，供同学查验，要求有活动过程的介绍、发现的问题以及改进措施及其理由。

任务评价

1. 小组活动评价标准

组长负责分配不同的组员去完成任务，每个成员完成全部实习规定的各个环节的体验，每个实习阶段每个环节都体验到，有具体的情景描述。组长负责组内分数评定：完成任务，得 30 分；如果有漏错等情况，分别给予扣减相应的分值。

（1）态度：服从组长分配，用心完成任务，根据所学知识找到自己的症结所在，与小组成员进行讨论，大胆阐明自己的对策。

(2) 互助与合作：帮助组内其他成员解决问题，与小组成员一起分享观点，分担任务和责任。

(3) 倾听：认真倾听他人的观点，并能针对其他成员的交流提出自己的观点与见解。

(4) 展示与效果：代表小组发言，能全面、准确地汇报小组共同学习成果。

小组成员评价意见如表 2-1 所示。

表 2-1　小组成员评价表

______小组名称　　　　组长：______

小组成员	态度 5 分	互助与合作 10 分	倾听 5 分	展示与效果 10 分

2. 教师评价标准

教师负责评价每组的任务完成情况，量化评价标准，对工作结果进行评价。总分值最高为 70 分。教师对小组进行评价的标准如表 2-2 所示。

表 2-2　小组学习评价指标

序号	评价指标	分值
1	能在规定时间内小组合作完成活动任务，顺利展示。观点正确，表述逻辑性强	60~70
2	能在规定时间内完成体验任务，能做展示。有自己的观点，表述清楚	50~59
3	获得老师或其他组的帮助能完成工作任务，有展示	40~49

3. 教师点评

教师进行点评时，汇总小组内评价，教师对小组评价后进行总结点评，每个学生最后得分为所在小组分值加上成员评价分值。

学习任务2　消除认知障碍　直面困难挫折

人的一生中会遇到许许多多的挫折，而遇到挫折时，有些人会从中寻求希望，愈挫愈勇，以更加旺盛的斗志继续人生的旅途；而有些人则先想到逃避，让自己沉睡在迷茫中，希望时间的流逝能冲淡这段痛苦的回忆。对待挫折的不同态度，就注定了人与人之间不同的命运。面对挫折，应该抱着正确的态度，这样才能把每次挫折变成一次锻炼自己、完善自我的机会。著名主持人杨澜曾说过：人生最大的财富不是青春与美貌，也不是充沛的精力，而是有遭遇挫折的机会。

挫折不是拦路虎，而是垫脚石，经历生活中的一次次挫折，才能渐渐成熟，逐步长大。

> 我以为挫折、磨难是锻炼意志、增强能力的好机会
>
> ——邹韬奋

心灵故事

尤玮是“2007年上海十佳讲解员”、中国共产党“二大”会址纪念馆宣教部主任。1998年中考，尤玮没能考入重点高中，而是被上海市信息管理学校图书情报管理专业录取。和其他同学不同的是，尤玮没有丝毫的挫败感，认为读职校一样可以找到合适的岗位，与其郁郁终日说什么大志难筹，不如踏踏实实走好脚下的路。踏入中职校门的那一刻起，她便告诉自己，这里是一个新的起点，一样可以实现人生目标，只不过需要将自己的人生道路进行一点点调整。

心理问题分析：

尤玮，从一名普通的青少年学生迅速成长为“2007年上海十佳讲解员”、中国共产党“二大”会址纪念馆宣教部主任，通过自身努力，不断学习，不停进取，终于造就成功的人生。导致挫折的原因有很多，一般可以概括为外在因素与内在因素。外在因素主要指环境方面的，包括自然条件和社会条件。外在因素常常是个人意志或能力所不能左右的，如个人无法预料的天灾人祸、意外事件、社会动乱等。挫折虽然带来的是不愉快的情绪体验，但挫折对人的影响并不都是负面的，对于不同的人就会产生不同的影响。对于强者，它可以成为垫脚石，让人站得更高；对于弱者，它可以成为绊脚石，使人一蹶不振。经历挫折，可以使人从失败中吸取经验教训，磨炼意志，增加克服困难的勇气，提高解决问题、适应环境的能力。

知识导航

一、挫折

挫折是指人们在通向目标的道路上遇到障碍无法克服，而又不能改变这个目标时产生的紧张情绪反应。这一概念应包括三个方面的含义：挫折情境，挫折认知，挫折反应。

1. 挫折情境

挫折情境是指人们的需要不能获得满足的内外障碍或干扰等情境因素，如考试不及格，比赛未取得理想名次，受到讽刺、打击等。

2. 挫折认知

挫折认知是指人们对挫折情境的知觉、认识和评价，挫折认知既可以是对实际遭遇的挫折情境的认知，也可以是对想象中可能出现的挫折情境的认知。如有的人总是怀疑别人在议论自己，虽然事实并非如此，但他在心理上因此而产生与他人关系不和睦。另外，不同的人对相同的挫折情境所产生的主观心理压力也不尽相同，个人的知识结构也会影响其对挫折情境的知觉判断。

3. 挫折反应

挫折反应是人们伴随着挫折认知，对于自己的需要不能满足时产生的情绪和行为的反应，常见的有焦虑、紧张、愤怒、躲避或攻击等。

从上述分析可以看出，当挫折情境、挫折认知和挫折反应三者同时存在时，便构成典型的心理挫折。但如果缺少挫折情境，只有挫折认知和挫折反应这两个因素，也可以构成心理挫折，这是因为主体认知不当的缘故。所以，在挫折三要素中，挫折认知是最重要的因素，挫折情境与挫折反应没有直接的联系，其关系要通过挫折认知来确定。所以，挫折反应的性质及程度主要取决于挫折认知。

二、产生挫折的原因

挫折的产生有些是客观存在的，有些是由主观因素而产生的。挫折原因概括为两个方面，即客观原因和主观原因。

1. 客观原因

客观原因也叫外部原因，是指由于客观因素给人带来的阻碍和限制，使人的需要不能满足而引起的挫折。它包括自然因素和社会因素。

(1) 自然因素。包括各种由于非人为力量所造成的时空限制、天灾地变等因素。如在训练或施工中因意外导致受伤致残，家里遭受洪水、地震等自然灾害破坏，亲人生老病死所招致的挫折，都属于自然因素。

(2) 社会因素。是指个体在社会生活中受到政治、经济、道德、宗教、习惯势力等因素的制约而造成的挫折，如入团、入党、考学、提干等愿望因为名额限制而不能实现等。同自然因素相比，社会因素带来的阻碍或困难更复杂、更普遍、更广泛。

2. 主观原因

主观原因也称为内部原因，是指由于个人生理、心理因素带来的阻碍和限制所产生的挫折。

（1）生理因素。生理因素的挫折，是指因自身生理素质、体力、外貌以及某些生理上的缺陷所带来的限制，导致需要不能满足或目标不能实现。如，有一名士兵很想考军校、当军官，但因染上肝炎病不能如愿；有些青年找对象受了挫折，就嫌自己长得不够高大、不够英俊；训练搞不上去就怪罪自己体质太弱或脑袋太笨等。

（2）心理因素。个体因需求、动机、气质、性格等心理因素可导致活动失败、目标无法实现。

三、直面挫折

挫折是不可避免的，要学会直对挫折，提高挫折承受力。

1. 正确认识挫折

正确认识挫折，建立正确的挫折观。在现实生活中，考试不理想、人际关系困难、生活不适应等挫折几乎每个人都曾遇到过。有的人总认为生活中的挫折、困境、失败都是消极、可怕的，受挫后往往悲观抑郁，甚至丧失了生活的勇气。事实上，挫折并不都是坏事，处理得好的话，它也可以成为自强不息、奋起拼搏、争取成功的动力和精神催化剂。生活中许多优秀人物就是在挫折磨炼中成熟，在困境中崛起。相反，过于一帆风顺的生活反而会使人耽于安逸、丧失斗志，在挑战到来时措手不及。因此可以说，挫折也是一种机会。只要能坦然面对挫折，树立战胜挫折的勇气和信心，就可以适应任何变化的环境。

2. 改变不合理观念

心理学研究表明，引起强烈挫折感的与其说是挫折、冲突，不如说是受挫者对所受挫折的看法，以及所采取的态度。常见的不合理观念有以下几种。

（1）此事不该发生。有些人把生活中的不顺利，学习、交往中的挫折、失败看作是不应该发生的。他们认为，生活应该是愉快的、丰富的，人际关系应该是和谐的、互助的。一旦生活中出现诸如人际之间的冲突、成绩滑坡、好友负心、评不上优秀等事件，就认为它不应该发生，而变得烦躁易怒、束手无策、痛苦不堪、失去信心。

（2）以偏概全。有些人常常以片面的思维方式看待事物，简单地以个别事件来断言全部生活，一叶障目。例如，有人对自己不友好，就得出结论说自己人缘不好或缺乏交往能力；一次考试不如人意，就认为自己彻底失败，不是读书的材料；一次失恋就认为自己对异性没有吸引力等，从而导致自责自怨、自卑自弃的心理而焦虑、抑郁。以偏概全不仅表现在对自己的认识上，也表现在对他人、对社会的认识中。例如，因一事有错而对他人全盘否定；因社会有缺陷，存在阴暗面，就看不到光明，而彻底丧失信心。

（3）无限夸大后果。有些人遇到的是一些小挫折，却把后果想象得非常糟糕、可怕。夸大后果的结果是使人越想越消沉，情绪越来越恶劣，最后难以自拔。例如，一门功课考试不及格，就认为自己能力不行，学不下去，毕不了业，找不到工作，人生没前途，生命没价值。这实际上是一种自己吓唬自己，给自己施加压力的做法。只有改变不良的认知方式、纠正错误的观念，才能实事求是地评价挫折带来的后果，从困难中看到希望。

3. 加强自我修养，勇于实践

为了提高挫折承受力，就应该主动地、自觉地将自己置身于充满矛盾的、复杂的社会环境中去磨炼，向生活学习，而不是逃避社会。同时，必须提高自身的思想修养、道德修养、知识素养，培养慎独精神，养成冷静思考的习惯，经常自我分析，自我反省，自我激励。从心理发展的角度看，积极主动的适应、勇敢顽强的拼搏、反复不懈的磨炼，会使心理更趋成熟，增强承受挫折、化解冲突的能力，促进心理朝着健康、向上的方向发展。

4. 优化自身人格品质

挫折承受力与人格特征有关。以下几种人格类型的人常常容易引起挫折感。

(1) 性情急躁的人。他们情绪变化大，易动怒，火暴脾气一点就着，常常因为一点芝麻绿豆的事而引起挫折感。

(2) 心胸狭窄的人。他们气量小、好猜疑，喜欢斤斤计较，容易体验消极的情感。

(3) 意志薄弱的人。他们做事缺乏耐力和持久，患得患失，害怕困难，只看眼前利益，经不起打击和挫折。

(4) 自我偏颇的人。他们缺乏自知之明，或者自高自大、目空一切，或者自卑自贱、畏首畏尾。

因此，提高承受挫折的能力应从培养良好的人格品质入手，从细微小事中严格要求自己，努力在实践中锻炼，使自己的心理得到充分、有效的发展，心理健康达到高水平的状态。

小链接

自我认知障碍怎么办?

从小就被认为长得很漂亮，但自己不觉得。有时候被别人说“你长得很美啊”都因为觉得对方只是客套而感到难堪。觉得自己很瘦很瘦，皮包骨那种，又近视，太多缺陷太丑了。有一段时间看到反光的东西都不愿过多停留。提及自己的缺陷就非常焦虑。被挺多男生追求的，有几个还是追自己追了很多年的，即便如此也没有安全感，觉得如果对方真的靠近我就会失望了，因为我太差了。喜欢上一个男生，对方也喜欢自己，结果还是觉得自己太差了配不上对方，拒绝了他很多次，眼睁睁看着他难过出国。这样的情况还会维持多久?总觉得总有一天自己会变好，等变好我再恋爱。但如今终于意识到那天永远不会来。对于某些人来说我已经很优秀了，成绩很好，口才很好，很风趣幽默，长得又漂亮。可我潜意识总是觉得自己很糟糕，我需要一直前进才能改善，可我已经很疲累了。

想一想：“我”怎样摆脱这样的思维困境?

小链接

什么是认知障碍？

我们已经知道，认知是机体认识和获取知识的智能加工过程，涉及学习、记忆、语言、思维、精神、情感等一系列随意、心理和社会行为。

认知障碍指与上述学习记忆以及思维判断有关的大脑高级智能加工过程出现异常，从而引起严重学习、记忆障碍，同时伴有失语或失用或失认或失行等改变的病理过程。认知的基础是大脑皮层的正常功能，任何引起大脑皮层功能和结构异常的因素均可导致认知障碍。由于大脑的功能复杂，且认知障碍的不同类型互相关联，即某一方面的认知问题可以引起另一方面或多个方面的认知异常。

轻松、愉快、多彩的生活环境可促进实验动物大脑皮层的增长，使脑重量增加。相反，不良的心理、社会因素，如负性生活事件、处境困难、惊恐、抑郁等均可成为认知障碍的诱因。近年来，利用电子计算机 X 线断层扫描(CT)与磁共振(MRI)对精神活动失调患者的脑成像研究发现，社会心理功能减退会造成患者的有关脑区的皮层萎缩。用正电子发射扫描(PET)和单光子发射计算机断层扫描(SPECT)结合同位素示踪对脑局部脑血流(rCBF)和 18 氟-脱氧葡萄糖(FDG)或 11 碳-脱氧葡萄糖(CDG)代谢的研究证实，精神失常患者的有关脑区局部血流低灌注，葡萄糖利用率降低。用电子显微镜观察并经图像分析发现，精神分裂症患者的有关脑区神经细胞数目减少，细胞体积变小。

在影响认知的诸多的人文因素中，受教育程度是报告最多、结果最恒定的影响认知的因素，认知测验的得分与受教育年限呈负相关。社会地位低下，经济生活状况较差与认知功能减退和痴呆的发生有一定关系。但在多因素分析中控制了年龄、性别、卒中史等较重要的因素后，社会经济因素的影响一般不再显著。此外，女性认知功能损害的发生率高于男性，对各年龄组进行多因素分析的结果表明，这种差异与女性的受教育程度较低和慢性病患病率较高有关。

小链接

良好人格品质的培养

为了提高挫折承受能力，每个人都应主动地培养自己良好的人格品质，改变那些不适应发展的不良的人格品质。重点应培养自信乐观、自强不息、宽容豁达、开拓创新等品质。

自信才能乐观，乐观才能自信，两者相辅相成。当遇到挫折、困境时，如果相信自己一定能取胜，那就会积极去改变现实，克服困难，战胜挫折，这是自信的作用。乐观者在面临挫折、困境时，不会被眼前的困难吓倒，而是能够透过表面的不利看到蕴藏在背后的希望，相信明天是美好的，从而信心十足地去战胜困难。

自强不息是良好的意志品质，是一切成功者的共同特征。生命不息，奋斗不止。通向成功的道路不是平坦的，挫折、逆境常常会出现，只有坚强不屈、顽强拼搏，才能到达光辉的顶点。而那些一遇挫折就偃旗息鼓者，只能半途而废，永远不可能成功。

宽容豁达和开拓创新的人胸怀宽阔，对挫折不是被动地适应，一味忍耐，而是面向未来，积极进取，勇于创造新生活。

视野拓展

在心理因素中，与挫折密切相关的主要有三点：

(1) 个性完善程度。一个思想成熟、性格坚强、行为规范、社会适应能力强的人，做事成功率就高，动机实施也比较顺利，反之则差。如有的人由于个性方面的问题，不喜欢与人交往，或不会协调与同事之间的关系，因而造成人际关系障碍，得不到领导与同事的同情与支持，导致某些需要和愿望不能实现，从而产生挫折。

(2) 动机冲突。在现实生活中，一个人经常同时产生两个或多个动机。假如这些并存的动机受条件限制无法同时获得满足，就产生难以抉择的心理矛盾。如果这种心理矛盾持续得太久、太激烈，或者是由于一个动机得到满足，而其他动机受阻而产生挫折感。

(3) 挫折容忍力。即个体受到挫折时保持正常行为的能力。它包括体质承受力和意志承受力等。影响挫折容忍力的因素主要有以下四种：①遗传及生理条件。身体条件好比身体条件差的人容忍力要强。②生活经历和文化修养。生活经历丰富、文化修养高的人，比生活经历不足、文化修养低的人容忍力强。③对困难或障碍知觉程度。相同的挫折情境，不同的人有不同的认识感觉，获得的情绪体验也有区别，因此受到的压力和打击也不同。④性格特征。性格开朗、意志坚强、有自信心的人，比性格孤僻、意志薄弱、自信心差的人对挫折的容忍力要强。

心理体验活动

活动目的：同学之间彼此相互帮助，从各自经历的失败中找出更多可能获得的益处，锻炼抗击挫折的心理承受力，正确对待挫折。

活动步骤与要求：将同学分组，每 8 人分为一组，设小组长一名，体验活动在组内进行。

活动过程：

(1) 共同朗读：我不相信总是会发生好事情，但是，我知道有些人能够最好地利用所发生的事情。我们从来不会主动邀请挫折的到来，但是挫折在我们的成长过程中起到了重要作用，不需要努力地生活对我们来说并不总是最好的。

(2) 回忆并写下你经历过的一次困难事件，如某次记忆深刻的失败，或者一段长时间的努力过程(无论有无结果)。尽可能详细地描述这次经历，供同学相互探讨：从中吸取了什么教训？获得了什么益处？不要特意对经历中伴随的痛苦感受轻描淡写，写下：在这样的经历之后，你最终能够得到什么？它增强了你的承受力吗？你学到了重要的经验吗？你现在会感激某些事情的发生吗？你还能从中学到什么其他的经验吗？

注意：组内几个人一起做这项练习，彼此从经历中找出更多可能获得的益处。请最大限度地利用出现在面前的困难，牢记：“不要放过任何一次好的危机，而让其白白浪费。”

体验活动结果展示

各小组长将本组个人提交的资料收齐，并就总体情况做出总结，在全班面前展示，供同学查验，要求有活动过程的介绍，发现的问题以及改进措施及其理由。

任务评价

1. 小组活动评价标准

组长负责分配不同的组员去完成任务，每个成员完成全部实习规定的各个环节的体验，每个实习阶段每个环节都体验到，有具体的情景描述。组长负责组内分数评定：完成任务，得 30 分；如果有漏错等情况，分别给予扣减相应的分值。

（1）态度：服从组长分配，用心完成任务，根据所学知识发现自己的问题，并找到自己问题的症结所在，与小组成员进行讨论，大胆阐明自己的对策和努力方向。

（2）互助与合作：帮助组内其他成员解决问题，与小组成员一起分享观点，分担任务和责任。

（3）倾听：认真倾听他人的观点，并能针对其他成员的交流提出自己的观点与见解。

（4）展示与效果：代表小组发言，能全面、准确地汇报小组共同学习成果。

小组成员评价意见如表 2–3 所示。

表 2–3　小组成员评价表

________小组名称　　　　　　　　　　　　　　　　组长：________

小组成员	态度 5 分	互助与合作 10 分	倾听 5 分	展示与效果 10 分

2. 教师评价标准

教师负责评价每组的任务完成情况，量化评价标准，对工作结果进行评价。总分值最高为 70 分。教师对小组进行评价的标准如表 2–4 所示。

表 2–4　小组学习评价指标

序号	评价指标	分值
1	能在规定时间内小组合作完成活动任务，顺利展示。观点正确，正确运用知识，发现问题恰当，有解决对策，表述逻辑性强	60~70
2	能在规定时间内完成体验任务，能做展示。有自己的观点，表述清楚	50~59
3	获得老师或其他组的帮助能完成工作任务，有展示	40~49

3. 教师点评

教师进行点评时，汇总小组内评价，教师对小组评价后进行总结点评，每个学生最后得分为所在小组分值加上成员评价分值。

学习任务3 认识美丽的青春期

青春期是由儿童发育为成人的过渡时期，其年龄范围在12~20岁。女孩的青春期年龄平均比男孩早一些。青春期的分期标准至今尚未统一，较倾向于将青春期分为早、中、晚三期。青春期是童年向成年过渡的阶段，是生理、心理、社会适应能力从不成熟趋向成熟的发展过程。

> 百日莫空过，青春不再来。
>
> ——拜伦

心灵故事

张蕊，女、16岁，职业中专二年级的学生。父亲是某厂工会主席，对女儿期望较高，管教较严。母亲是普通工人，对女儿较溺爱。在女儿眼中对父亲有忌惮，但对母亲则是肆无忌惮。她的家庭经济状况在学校中属于中上水平，父母亲对女儿在经济上的要求都基本予以满足。该生对穿着打扮积极热情，身边随身携带小镜子和小梳子，还经常要求父母为其添置新衣。喜欢与男生交往，甚至在教室中与有些男同学追逐打闹。据同学反映与个别男生经常出双入对，甚至曾经单独幽会，与男生有亲昵动作。近期考试常常不及格。

心理问题分析：

这是青春期性意识萌生时带来的认识问题。造成上述表现的主要影响因素来自社会环境、家庭以及自身性格特点等各方面。

社会环境、社会媒体对性的大量充斥，使得本来在生理上已开始发育的青春期少女不仅对异性有极大的好奇心，而且喜欢模仿社会媒体中的内容，希冀去尝试。

来自家庭方面的压力过重，使之与父母疏远，与家人关系淡薄。青春期的她亦有困惑和烦恼，但无人倾诉，导致了她另辟蹊径，在与异性交往中获得自慰。

张蕊性格开朗，十分外向，喜欢接触新事物、喜欢冒险，这种性格造就了她在与男生交往中动作随便、讲话随意、不注意小节、不掌握分寸，因而也容易被有些处于懵懂状态的男生误会。

小链接

本案例具体心理指导过程

1. 掌握具体情节。与张蕊倾心交谈，让她认识到老师在一定程度上理解处于青春期的她喜欢与异性交往是十分正常的现象。并通过沟通了解她与父母的代沟，与哪位男生密切交往，并了解一些细节。

2. 确立人生目标。帮助张蕊确立今后的发展方向，向她说明将来的职业会影响人生，而人只有在完成了人生目标后才是最欣慰的，并给她制订一些近期目标，让她的生活充实。

3. 培养孩子兴趣。与张蕊座谈了解到她的兴趣是绘画，就鼓励她用更多的时间投入兴趣之中。

4. 与家长交谈，让家长改善教养方式。

5. 给张蕊分析社会习俗对女孩的要求。让该生了解在异性交往中如何把握分寸(衣着、目光体态、语言等)。

6. 让张蕊明白心理老师和一部分女生也是她今后可以倾诉的对象。经过辅导，张蕊有了一位女友，并且现已参加了学校的绘画班，她想在将来毕业后成为一位美术设计工作者。

知识导航

一、青少年青春期生理特点

1. 身体形态的发育

青春期是一个人从童年到成年的过渡阶段，这时的生殖器官也开始从发育进入到成熟的阶段。女孩的青春期一般是12~18岁，男孩比女孩晚两年进入青春期。由于神经系统和内分泌的影响，人体的形态和功能都会出现显著变化。

(1) 身高增长加速：身高增长速度加快，一般持续2~3年。这期间身高一般以每年6~8厘米，多则以10~12厘米的速度增长。身高的增长标志着骨骼的生长，先是下肢增长，然后是脊柱伸长。身体长高固然有先天因素，但后天的合理营养、体育锻炼、科学的生活作息习惯，也有利于个子长得高、长得快。

(2) 体重增长加速：在身高增长的同时，体重也迅速增加。青春期前体重以每年平均2~4千克增加，到青春期可5~8千克增加，体重的增加是骨骼、肌肉、脂肪和内脏迅速生长的结果。

(3) 第二性征的出现：男女两性生殖器官的差异为第一性征，进入青春期后，男女除性别以外的其他外部差异，称为第二性征。如男性表现为喉结突出，声音变粗，长胡须，阴毛、腋毛先后出现。而女性则为声音高亢，乳房发育，骨盆变宽，臀部变大，阴毛、腋毛也先后出现。

2. 身体功能的增强

进入青春期的青少年不但身高、体重迅速增长，而且神经系统和内脏器官的生理功能都在迅速增强。

(1) 脑：主要表现在脑对人体的调节功能大大增强，推理与论证等能力都逐步提高，易接受新生事物。与此同时，大脑皮质的兴奋性较强，遇事好冲动，思维和注意力较差，但可塑性强。

(2) 心脏：心肌增厚，心缩增强，心功能显著提高。到 17~18 岁心脏每搏输出量为 60~70 毫升，已近成人。

(3) 肺脏：10 岁时肺活量还只有 1400 毫升左右，到 14~15 岁时肺活量已明显增大到 2000~2500 毫升。

(4) 第二性征出现：从青春期开始生殖器官发育加快，体积重量增加，功能逐渐完善。在"下丘脑-垂体-性腺"调节轴作用下，男子的睾丸体积增大，能够产生精子和分泌雄性激素，并出现遗精现象。女子的卵巢重量增加，能够产生卵子和分泌雌性激素，并出现月经现象。性腺所分泌的性激素，促进了生殖器官的进一步发育并促使第二性征出现。

3. 青春期的功能发育

青春发育开始后，在形态发育与功能发育的相互促进下，身体的发育逐渐成熟。

(1) 心肺功能：反映心肺功能的常用指标为心率、脉搏、血压、呼吸频率、肺活量等。

(2) 造血功能：血红蛋白和红细胞总数是反映造血功能的重要指标。

4. 青春前期的生理象征

青春期生理上的变化是多种多样的。形态方面，身高、体重、胸围、肩宽、骨盆等都加速增长；机能方面，如神经系统、肌肉力量、肺活量、血压、脉搏、血红蛋白、红细胞等均有加强；身体素质方面，如速度、耐力、感受性、灵活性等方面变化很大；内分泌方面，各种激素相继增量；生殖器官及性功能也迅速发育等等。

5. 青春期的素质发育

青春期的素质发育与体育锻炼程度密切相关，尽管男女之间在素质发展方面存在一定的性别差异，男孩在速度、力量、耐力等方面越过女孩，而女孩则以柔韧、协调及平衡性方面见长。但女孩在坚持体育锻炼和科学训练基础上，也可克服生理上的不足，大幅度提高素质水平。

二、青春期心理特点及行为

(1) 自我的发展：表现为自我意识增强，关注自我(爱美)，独立与依赖，逆反心理，心理闭锁不外露，易受同龄人影响(这一阶段也称为心理断乳期)。

(2) 情绪的发展：表现为明显的两极性(如强烈与温和、外露与含蓄、稳定与冲动、自尊与自卑)，主要有青春期焦虑症、强迫症、睡眠障碍等。

三、性心理及特点

（1）心理发展过程为疏远期(表现为疏远、回避、焦虑、排斥、攻击)—接近期(表现为在异性面前展示自己：男生体现在知识、体力、阳刚之气；女生体现在衣着、外貌、女人味)—恋爱期(性幻想)。

（2）心理特点为朦胧期(好感、喜欢、爱)—文饰期(心理与行为不一致)—差异性(出现早晚、表现形式、性别比例)。

（3）心理表现过程为厌恶排斥—渴望了解—爱慕异性—情爱梦幻—模仿恋爱。

视野拓展

从医学研究的定义讲，青春期男性是 13 ~ 19 岁，女性是 12 ~ 18 岁。世界卫生组织(WHO)将 12~20 岁定义为青春期。

青春期的内分泌变化：内分泌是人体内重要的调节系统，它是由全身不同部位的多种内分泌腺和组织细胞所组成。激素就是由内分泌腺所分泌的活性物质。人体内的核酸与蛋白质代谢，受多种激素共同调节，故大部分内分泌腺所分泌的激素均对生长有直接或间接的作用，尤其是在青春发育期。

心理体验活动

活动目的：同学之间进行交流，结合自身青春期变化及从其他渠道获得的知识，了解青春期生理上的最显著特征。

活动步骤与要求：将同学分组，每 8 人分为一组，设小组长一名，体验活动在组内进行。

注意：男女生分别进行活动。

活动一：

结合自身青春期变化及从其他渠道获得的知识，了解青春期生理上的最显著特征：

（1）男性青春期生理特点(生殖器官、第二性征)；

（2）女性青春期生理特点(生殖器官、第二性征)；

（3）男性保健方法；

（4）女性保健方法；

（5）青春期性心理特征。

活动二：

（1）老师讲解青春期性心理发展相关知识。

（2）学生结合性器官发育，谈谈自己在心理方面的感受。

（3）把以前就有的或者是听完课后有的关于青春期性问题方面的疑惑写下来，由老师汇总并解答。

体验活动结果展示

各小组长将本组个人提交的资料收齐，并就总体情况做出总结，经过老师审核后分别在男生、女生面前展示，或在全班面前展示，供同学查验，要求有活动过程的介绍、活动后的新的认识。

任务评价

1. 小组活动评价标准

组长负责分配不同的组员去完成任务，每个成员完成每项活动的体验，每个环节都体验到，有具体的情景描述。组长负责组内分数评定：完成任务，得 30 分；如果有漏错等情况，分别给予扣减相应的分值。

(1) 态度：服从组长分配，用心完成任务，根据所学知识发现自己的模糊认知，并找到自己问题的症结所在，与小组成员进行讨论，大胆阐明自己的对策和努力方向。

(2) 互助与合作：帮助组内其他成员解决问题，与小组成员一起分享观点，分担任务和责任。

(3) 倾听：认真倾听他人的观点，并能针对其他成员的交流提出自己的观点与见解。

(4) 展示与效果：代表小组发言，能全面、准确地汇报小组共同学习成果。

小组成员评价意见如表 2-5 所示。

表 2-5　小组成员评价表

________小组名称　　　　　　　　　　　　　　组长：________

小组成员	态度 10 分	互助与合作 5 分	倾听 10 分	展示与效果 5 分

2. 教师评价标准

教师负责评价每组的任务完成情况，量化评价标准，对工作结果进行评价。总分值最高为 70 分。教师对小组进行评价的标准如表 2-6 所示。

表 2-6　小组学习评价指标

序号	评价指标	分值
1	能在规定时间内小组合作完成活动任务，顺利展示。观点正确，正确运用知识，发现问题恰当，有解决对策，表述逻辑性强	60~70
2	能在规定时间内完成体验任务，能做展示。有自己的观点，表述清楚	50~59
3	获得老师或其他组的帮助能完成工作任务，有展示	40~49

3. 教师点评

教师进行点评时，汇总小组内评价，教师对小组评价后进行总结点评，每个学生最后得分为所在小组分值加上成员评价分值。

学习任务4　学会与异性交往

青春期是人生发展的一个特殊时期。由于这一时期性发育开始，人的性别意识也开始觉醒和逐步形成。在性意识发展过程中，男女同学会产生一种彼此要求接近的需要，产生互相吸引的心理，特别希望异性注意自己并有好感。向往异性本是青春发育期的一种正常生理反应和心理现象，是人的情感世界中美丽而珍贵的内容，男女同学相处，是青少年学生社会交往不可缺少的内容。女生喜欢男性的豁达、主见和力量，男生则喜欢女生的协商、温柔和细腻。

> 要成就大事业就要趁青年时代。
>
> ——歌德

心灵故事

李金凤16岁考入某县的卫校，独立生活能力差，处处需要别人的照顾。有个男生张兵出现了，温柔体贴，又不失男子汉的风度，他们俩的关系越来越好。在一个晚上，张兵吻了她，从此李金凤的心就没平静过，整天胡思乱想，成绩越来越差，期末考试两门成绩不合格。成绩一向很好的李金凤非常懊悔，内心总是不能平静，一个寒假没过好，除了父母的责怪，还有自己内心的不安。新学期开始了，李金凤打算抛开一切，认真学习，可没几天，与张兵的接触又使她魂不守舍，无心学习。

心理问题分析：

青少年学生进入青春期后，生理和心理都有所变化，渴望、喜欢与异性交往，这是青春期学生性心理发展的必然。异性之间的正常交往，有利于青少年学生的学习进步和个性发展。但是，男女生的交往处理不当，不仅影响学习，也会影响身心健康。李金凤同学控制不了自己的感情，过早地堕入情网，分散了精力，耽误了学习，心理非常矛盾，给自己带来了很大的苦恼。

知识导航

男女生的交往，是青少年学生认识人类世界和自身的一种渠道和过程，不仅是正常的，而且是必要的。男女生之间在一起学习、娱乐、交谈，正常交往，双方有一种愉悦的心理感受，不仅有利于学习进步，也有利于个性发展，更有益于青少年身心健康成长。

一、青少年学生异性交往的原因

(1) 自身原因。青少年学生随着生理发育的成熟，非常渴望与异性同学交往。许多学生到职校就读并不是为了学习喜爱的专业，而是迫于父母压力来混日子，不爱学习，思想消极，却喜欢通过与异性亲密接触来寻求刺激。

(2) 社会原因。物质条件的充足使广大青少年的性生理发育提前，加之影视、书籍、刊物、网络中有关性爱描写的增多，外界刺激和影响越来越强烈，导致青少年性心理普遍成熟加速。至于各种黄色书刊、音像、网站，对青少年性心理的不良影响更大。青少年学生作为社会成员自然无法置身于社会之外，学校也不可能隔绝于社会，因此，增加了青少年学生出现非正常异性交往的可能性。

(3) 家庭原因。青少年学生中单亲家庭、工人家庭、下岗职工家庭占有一定比例，父母文化素质普遍偏低，或无暇教育子女，或对子女的教育方法不利。把孩子送到学校，希望学校能代替管理孩子，在对待孩子的问题上，往往采取简单的给钱方式，这样只会让学生逐渐淡漠对于家庭的感情，而且这种教育方式给他们的直接印象就是可以推卸责任、不负责任。于是，当男孩女孩在这段时间内出现与异性交往的困惑时，就会由于缺少引导而走入歧途。

(4) 学校原因。校园环境给学生恋爱创造了客观条件。青少年学生年龄相当，知识水平相当，男女同学一起学习、一起活动，交往频繁，这就为发展早恋提供了优越的条件。尤其是住宿生，为了改变学校枯燥乏味的住宿生活，在与异性朋友交往中更多地出现了“早恋”心理和现象。

二、青少年学生异性交往的类型

(1) 同伴交往。青少年学生正处于青春萌动期，这一时期青少年学生通常会疏远成人而热衷于与同伴交往，会倾注更多的感情在同伴身上，并且萌发出与异性交往的强烈愿望。因座位安排、学习以及工作需要，男女同学间的接触逐渐增多，很多校园里认哥哥、妹妹的情况较为流行。通过交往他们很容易成为朋友，然而随着时间流逝、座位或职位的变动，在一起的时间和机会减少后，情感也会慢慢疏远，但与此同时你会发现在他们周围又多了一圈新的朋友。

(2) 单恋。单恋主要指一方一厢情愿地倾慕与热爱另一方。单恋大都是一场情感误会，是青少年“爱情错觉”的产物。青少年学生心理尚未完全成熟，因此单恋现象较为常见，且在性格内向、敏感、自卑的学生身上更易出现。如果学生沉溺在单恋之中无法自拔，势必影响学习的上进心和锐气，浪费宝贵的青春年华。

(3) 互恋。青少年学生在青春萌动期，男女之间一旦把持不住就会陷入互相热恋之中，出现“早恋”现象，这也是许多家长和老师最为担忧的问题。由于青少年学生无法完全控制自己身心的变化，时常朝三暮四，因此大多数恋爱都不可能开花结果。这种消极的异性交往会导致许多负面效应，例如为了取悦恋人而在生活上追求高消费，穿着名牌，出入高档餐厅、酒吧，为此挖空心思骗取家长钱物，增加了家长负担，在同学中形成了不良的攀比现象等，败坏了班风、校风和社会风气，也影响着青少年学生世界观、人生观和价值观的形成。

（4）性关系。中职阶段是学生生长发育的最后阶段，对异性产生爱慕渴望，有性要求，都属正常。而在与异性消极交往过程中，双方一旦失去理智，则极有可能超越防线，早尝禁果，发生性关系。

三、青少年学生异性同学之间应如何交往

处于青春期的青少年学生情感极易冲动，自制力又十分有限，在伦理道德的认识上还不够成熟，有时把持不住自己，很容易发生出轨行为，这对双方今后的人生发展会产生不利的影响，更会对女生的身心造成极大的伤害。在与异性同学交往时应遵循以下原则：

（1）自然交往。在与异性同学交往的过程中，言语、表情、行为举止、情感流露及所思所想要做到自然、顺畅，既不过分夸张，也不闪烁其词；既不盲目冲动，也不矫揉造作，要恰当地表现自己。消除异性交往中的不自然感是建立正常异性关系的前提。自然原则的最好体现是，像对待同性同学那样对待异性同学，像建立同性关系那样建立异性关系，像进行同性交往那样进行异性交往。同学关系不要因为异性因素而变得不舒服或不自然，思无邪，交往时自然就会落落大方。

（2）适度交往。保持适度的距离，注意男女有别。异性同学之间交往的程度和方式要恰到好处，应为大多数人所接受。异性同学相处既不故意疏远，也不过分亲密，要保持适当的心理和空间距离。既不为异性交往过早地萌动情爱，又不因回避或拒绝异性而对交往双方造成心灵伤害。当然，要做到为大多数人所接受有时也并不容易，建议你只要做到自然适度，心中无愧，就不必过多顾虑。对方约你一同参加某项活动，如听音乐、看电影、观画展、逛书市，这是正常的、公开场合的两性交往，完全可以大大方方地赴约。女孩子应端庄、坦荡，不使对方产生误解和非分之想；男孩子要沉稳、庄重，尊重对方。尽量减少单独在一起或避免单独在一起，以免造成不必要的误会。交往关系要疏而不远，若即若离，把握两人交往的心理距离，排斥让彼此感到过于亲密和引起心绪波动的接触。如果在交往中发现对方的苗头异常，要调整自己的态度，使交往回复到波澜不惊、心静如水的状态，这样更有利于自己的成长。

（3）真实坦诚。在与异性交往的过程中要端正态度，培养健康的交往意识，淡化对对方性别的意识。由于男女之间在气质、性格、身体、爱好等方面都有着较大的差异，因而异性间的交往是非常敏感的，这就须异性同学在交往过程中，要真实坦诚，相互信任，互相尊重，这样男女同学真诚友谊才有保障。学会拒绝，当异性同学向你表示爱慕之情，或要求建立超出友情的所谓爱情时，一定要态度坚决地予以回绝。

（4）自尊自重。要有独立的人格，有意培养独立性，不能过分依赖他人，尤其是对异性朋友的依赖，每个人都应有自己独立的内心世界和主见，遇事尽量要独立思考。不可自作多情干扰他人，要注意衣着打扮和言行举止的得体，不随意打闹、挑逗，身体接触要有分寸。

（5）留有余地。虽然是结交知心朋友，但是异性同学交往中，所言所行要留有余地，不能毫无顾忌。比如谈话中涉及两性之间的一些敏感话题时要回避，交往中的身体接触要

有分寸等。特别是在与某位异性的长期交往中，要注意把握好双方关系的程度。女生在与异性相处时，一定要保持自尊、自爱的美德，既要有女性的荣誉感，又要善于自我保护。作为男性则应更加谨慎，善于克制，这样就不会发生什么意外情况了。

(6) 以群体相处。应多在集体活动中交往，避免单独交往。课堂上的讨论发言，课后的议论说笑，课外的游戏活动等，为大家创造了异性交往的机会，使一些性格内向、不善交际的同学，免除了独自面对异性的羞涩和困窘；使一些喜欢交际的同学，满足了与人交往的需要，每个人都融入了浓浓的集体气氛中。在集体中的异性交往，每个人所面对的是一群异性同学，他们各有所长，或幽默健谈，或聪明善良，或乐观大度，或稳重干练……这就使我们在吸收众人的优点的同时，开阔了眼界和心胸，避免了只盯住某一位异性而发展“一对一”的恋爱关系。若是单独相处，一定要注意选择好环境和场所，尽量不要在偏僻、昏暗处长谈。如果在房间里单独相处，不要插门或锁门，以免引起他人的猜测或误解。

青春期的少男少女要大大方方地接近，堂堂正正地交往。这种坦诚的正常交往对于青少年的身心健康及学习生活都有着良好的促进和影响。

小链接

与异性同学交往时，要教育男孩做到：

1. 理解和关心女同学。理解女孩的生理与心理特征，如女孩体力不如男孩，不要随便责备她们没能耐；女孩害羞脸皮薄，不要讥讽她们娇气；女孩爱美，不要随便嘲弄她们臭美；女孩生理期不能剧烈活动，不要说她们“装病”。

2. 尊重和保护女同学。在女孩面前语言要文雅，不能污言秽语；举止要文明，不能有意推推搡搡，随意抚摸甚至以其他方式欺侮女孩子。男孩一定要把女孩视为姐妹，当女孩被他人欺侮或威胁时，要挺身而出，加以劝阻、制止，或报告老师、家长及公安部门。

要教育女孩做到：

1. 与男孩交往时不要做作，也不能过分羞涩、扭扭捏捏，态度要大方。

2. 举止要庄重。注意交往分寸，不能过分随便，不要随便推拉，不可动手动脚，过分嬉戏会给人以可乘之机。

3. 与男孩交往要认清对象，近朱者赤，近墨者黑，对于品行不端的男孩要少交往或不交往，对于男孩们的消极群体活动要避免参加。

心理体验活动

活动目的：了解异性之间交往的心理特点，结合学得的知识，掌握与异性同学相处的正确方法。

活动步骤与要求：将同学分组，每 8 人分为一组，设小组长一名，发言环节在组内进行，“回归正途”环节以全班为单位进行。

1. 热身：听口令做动作

(1) 全体起立，同桌之间(或前后桌同学)面对面。

(2) 朝对方微笑。

(3) 微笑着握手。

若有学生出现羞于握手的情况，追问其原因：为什么有同学犹豫了呢？谁愿意和大家分享一下？

若学生都很大方地握手，引出此次活动的主题：很好，有没有人觉得和同学握手不好意思的？有没有？

其实，没什么不好意思的，所以男女同学握个手是件很礼貌的事，现在已经不是过去“男女授受不亲”的年代了，男女同学之间的交流和交往是很自然的事情，对吗？

那么今天就让我们大家一起来聊聊有关男女同学正常交往的话题。

2. 讨论(形成异性同学交往是否属于正当健康的观念)

情景一：

少年维特在班上成绩不错，他有个远大的志向，将来要当联合国军事观察委员会委员，因此必须学好外语。但他无论如何努力，英语成绩总是不理想，尤其是口语听力。维特的同桌是女生绿蒂，她是英语课代表，英语很棒。但维特对女生有偏见，总不愿意与她交往或向她请教。

提问：首先来问问男生，你觉得维特对女生有些什么偏见？

(小气，斤斤计较，自以为是等)

女生们同意男生的看法吗？

我再来问问女生，如果你是绿蒂，你会不会帮助维特？为什么？

情景二：

绿蒂发现维特的烦恼后，主动帮助维特在课后进行英语口语对话练习，维特的英语成绩进步很快。当绿蒂有什么需要帮助的时候，维特也会伸出友谊之手。

提问：是什么原因促使维特有这么大的进步？(绿蒂的优点，耐心帮助等)

3. 角色扮演(让学生以小品的形式扮演下列情境)

情境一：某女生热情大方，乐于助人。她对女同学是如此，对男同学也是如此。由于她的热情，使不少男同学喜欢与她交往。其中有一位男生误认为她喜欢自己，常常写信给她，还常约她。她为此感到很烦恼，不知该怎么办？

情境二：一女同学突然收到男同学的一封“情书”，这时女同学的反应……这是故事开始的序幕，接下来让学生自己设计故事如何发展的几种可能。学生展开想象，以小品的形式表演以下几种情况：

(1)女同学很恼火，把这件事反映给班主任。班主任严厉地批评了男同学。

(2)女同学接受了，他们开始交往，经常一起出入，有时如“小情人”一样手拉手径直走到偏僻树丛中的石椅上坐下，时而缠绵细语，时而搂搂抱抱，感情越来越深，不能自拔。

(3)女同学没接受，但理智地处理了这个问题，两个人还是好同学、好朋友，继续以良好的心态学习。

小品演完后，引导学生讨论：

① 你认为情境二女孩采用哪种处理方式是最佳选择？为什么？如果是你，你认为怎么处理更好？你能帮助情境一中的女孩摆脱困境吗？

② 什么是早恋？

③ 在校学生恋爱有什么利与弊？

④ 怎样看待和处理早恋问题？

分析(学生讨论结果)：第一种处理方法给男同学带来伤害，影响同学之间的真挚友谊；第二种处理方法会带来负面影响，妨碍学习，甚至误入歧途；第三种处理方法得到大家普遍认可，既处理好了问题，又不会影响同学之间的友谊。

这则案例还会使学生感悟到很多：应该学会珍惜同学友谊，尊重异性之间纯洁的友谊；这一时期作为学生，精力投放的主流应是学习知识，培养技能，过早涉入爱河，会给双方带来不可弥补的伤害与遗憾。

什么是早恋？凡是没有达到恋爱期的年龄阶段的学生谈恋爱，均称为“早恋”。

4. 讨论发言

将同学分成若干个小组，讨论青少年学生恋爱的利弊，然后根据学生的讨论情况加以总结。青少年学生恋爱的“利”：可以满足自己感情的需要，恋爱可以避免人际孤独，恋爱可以帮助双方提高，恋爱有助于对异性的了解，恋爱是令人激动的，恋爱是浪漫的。学生恋爱的“弊”：使自己的情感陷入两人世界的狭小圈子里，在某种程度上使人际关系更加疏远，更多的是带来更多的烦恼，影响学习的效率；恋爱限制了与更多异性交往，并不能真正了解异性，恋爱也使人冲动，控制不好还会导致越轨行为。学生的早恋更随意，缺乏对爱情的真正理解，面对恋爱中的摩擦和挫折，调节能力是有限的，学习与恋爱的矛盾难以处理。

5. 回归征途(结束语)

这段话送给我们的同学：“没有人愿意观赏提前开放的花朵，它的形态太娇太嫩；没有人愿意品尝尚未成熟的青涩果子，它的味道又苦又涩。正在学习知识、增长才干的同学们，应该要理性地对待‘早恋’，千万不要过早地把自己的追求和理想浓缩在两人世界中，因为大好的年华不能收获不成熟的爱情，而要吸吮知识的营养。”

体验活动结果展示

各小组长将本组个人提交的资料收齐，并就总体情况做出总结，在全班面前展示，供同学查验，要求有活动过程的介绍、活动后的新的认识。

任务评价

1. 小组活动评价标准

组长负责分配不同的组员去完成任务，每个成员完成每项活动的体验，每个环节都体验到，有具体的情景描述。组长负责组内分数评定：完成任务，得 30 分；如果有漏错等情况，分别给予扣减相应的分值。

(1) 态度：服从组长分配，用心完成任务，根据所学知识发现自己的模糊认知，并找到自己问题的症结所在，与小组成员进行讨论，大胆阐明自己的对策和努力方向。

（2）互助与合作：帮助组内其他成员解决问题，与小组成员一起分享观点，分担任务和责任。

（3）倾听：认真倾听他人的观点，并能针对其他成员的交流提出自己的观点与见解。

（4）展示与效果：代表小组发言，能全面、准确地汇报小组共同学习成果。

小组成员评价意见如表 2-7 所示。

表 2-7 小组成员评价表

________小组名称　　　　组长：________

小组成员	态度 10 分	互助与合作 5 分	倾听 10 分	展示与效果 5 分

2. 教师评价标准

教师负责评价每组的任务完成情况，量化评价标准，对工作结果进行评价。总分值最高为 70 分。教师对小组进行评价的标准如表 2-8 所示。

表 2-8 小组学习评价指标

序号	评价指标	分值
1	能在规定时间内小组合作完成活动任务，顺利展示。观点正确，正确运用知识，发现问题恰当，有解决对策，表述逻辑性强	60~70
2	能在规定时间内完成体验任务，能做展示。有自己的观点，表述清楚	50~59
3	获得老师或其他组的帮助能完成工作任务，有展示	40~49

3. 教师点评

教师进行点评时，汇总小组内评价，教师对小组评价后进行总结点评，每个学生最后得分为所在小组分值加上成员评价分值。

学习任务5　提高情绪调适能力

情绪随时随地都在伴随着青少年学生的学习生活和成长，也影响着中高职生的身心健康，所以青少年学生要学会管理自己的情绪，做自己情绪的主人。情绪管理是指通过研究个体和群体对自身情绪和他人情绪的认识、协调、引导、互动和控制，充分挖掘和培植个体和群体的情绪智商，培养驾驭情绪的能力，从而确保个体和群体保持良好的情绪状态，并由此产生良好的管理效果。

> 能控制好自己情绪的人，比能拿下一座城池的将军更伟大。
>
> ——拿破仑

心灵故事

张华老师在上数学课，喊李晓雨同学板演，他磨磨蹭蹭，到黑板前歪扭地站着，梗着脖子斗气地说：我不会！一副无所谓爱咋咋的样子。李晓雨数学成绩一直不好，觉得老师要为难他故意找他难看，故破罐子破摔。

心理问题分析：

学生的状态跟心情有很大关系，无论学生的成绩基础如何、智商如何，有些学生开朗乐观，即使受到挫折也能迎刃而解或者安然度过，而有些学生在学校生活中经常郁闷压抑。同一件事，看法不同引发了不同的情绪。同样是进入职校的学生，有的认为低人一等，有的认为，我选择我所要的一点都不丢人，前者情绪消极，后者情绪积极，所以往往导致的结果也不同。我们不能改变既定的事实，我们能调整的是自己的看法和态度。

当有负面情绪心情恶劣时，要立刻转成正面的想法有时很困难，其实这种锻炼可以循序渐进，比如先建立中性想法，再建立正面想法，当自己有负面情绪“我无能”时，先转成中性想法“我太累了太急于求成了”，所以才导致这么糟糕的结果，然后再转到正面的想法，“这是个好事，让我在这些经历中学到了很多。”每个人都要为自己的情绪负责，成为管理自己情绪的高手。

知识导航

一、青少年学生常见的情绪困扰

青少年学生常见的情绪困扰又称为情绪的适应不良，表现为以下几个方面：

1. 情绪反应过度

（1）愤怒。愤怒是人的基本情绪反应，从程度上分，可分为不满、气恼、愤怒、暴怒、狂怒等。

（2）焦虑过度。焦虑情绪本身并非是一种情绪困扰，如考试前的焦虑几乎每个人都要发生，适度的焦虑有益于个人潜能的开发，一个人没有焦虑或是焦虑不足，就会导致注意力涣散，工作学习效率下降，所以无论是听课还是课下自习，都需要保持一定的焦虑。但过度的焦虑往往也会因过分的紧张而使人注意力分散，导致工作学习效率降低。这里所指的就是过度的焦虑，其自身的焦虑程度已经构成了对学习、生活的不良影响和干扰。

焦虑情绪的发生原因可分为：

① 情境性焦虑：又称反应性焦虑，指由于面临考试、学习、当众演说等外界心理压力所造成的焦虑情绪。

② 情感性焦虑：是指对预期发生的事的担心、对自己的过错感到自责等引起的焦虑反应。

③ 神经性焦虑：指由于情绪紊乱、恐慌、失眠、心悸等心理和生理原因引发的焦虑。

克服焦虑的方法也很多，主要有放松训练、改变认知、角色训练等方法。

（3）过度应激状态。应激状态是指当事人在某种环境强烈刺激作用下产生的适应的反应状态，这种状态往往会伴随着多种负性情绪，如在紧张的同时会附加恐惧、震惊、厌恶，过度应激甚至会附加痛苦、敌意、惧怕、失望等情绪感受，所以，它实际也是一种消极的不良情绪。

2. 情绪反应不足

（1）忧郁。忧郁是一种愁闷的心境，表现为没有激情、忧心忡忡、长吁短叹、话语减少、食欲不振等生理心理反应。如：有的同学因为不敢面对学业中的竞争和学习的压力，或者对所学专业不满意而陷入忧郁，对生活、学习失去兴趣，无法体会到其中的快乐，行为活动水平下降，回避与人交往。严重的还伴有心境恶劣、失眠，甚至会出现轻生倾向。

需要特别注意的是，忧郁情绪与抑郁症相互间既有联系，又有质的区别，忧郁情绪属于不良情绪干扰，需要的是心理上的调整；抑郁症则属于精神疾病，需要及时到医院就诊。

（2）冷漠。同样是情绪反应强度不足的表现，对人对事处于漠不关心的消极状态。

这些人表现为对生活没有热情和兴趣；对学习漠然置之，无精打采；对同学冷漠无情，甚至对他人的冷暖无动于衷；对集体活动麻木不仁。日本心理学家松原达哉教授形容这种状态的学生是“无欲望、无关心、无气力”的“三无”学生。冷漠是一种对环境和现实的自我逃避的退缩性心理反应，虽然冷漠带有一定的心理防御性质，但是它会导致当事者萎靡不振、退缩躲避、自我封闭，并严重影响一个人的身心健康。克服冷漠要从建立责任意识入手，逐步建立自己的生活目标，开展人际交往，积极投入到生活学习中来。

负性情绪持续时间过长或泛化：

负性情绪并非不良情绪，同样是人们适应环境的必要的反应，它可以激起人内在的潜能——趋利避害，使人脱离、避开造成不良心态的环境。但是如果这种情绪持续时间过长或迁移泛化，就会严重影响到人的正常生活、学习和工作，会给人的身心带来严重的负面影响。解决这类问题，可以采用系统脱敏、认知改变，暴露疗法等多种心理调节的方式。

不能接受或不可控制自己的情绪状态：

例：一位同学说，平时学习，头脑中常常闪现一些毫无意义的杂乱念头，本想克制，但越克制越严重，为此他苦恼不堪。这个学生的情绪困扰是由于他对自己的情绪反应不能接受的缘故。

情绪的出现，是人的一种自然、本能的感受，不管你是否愿意，不论是积极的还是消极的，是正性的还是负性的，都不以我们的意志为转移，当我们对某种负性情绪不准备接受甚至排斥时，实际却正在关注或强化它。

二、怎样管理好自己的情绪

1. 意识控制法

学会控制，就是在陷入不良情绪时，当愤愤不已的情绪即将爆发时，要用意识控制自己，提醒自己应当保持理性，要主动调动理智这道“闸门”的力量，控制不良情绪。当你将要发怒的时候，可这样来暗示自己：“别发火，发火会伤身体”；有涵养的人一般能做到控制，不要做蠢事，发怒是无能的表现；发怒既伤自己，又伤别人，还于事无补；不要急躁厌烦，急躁厌烦无济于事，只会有害无益，渐渐安静下来。可用这样一句话来调节——世界如此美妙，我却如此暴躁。哈！（笑一笑）

2. 适度宣泄法

过分压抑只会使情绪困扰加重，而适度宣泄则可以把不良情绪释放出来，从而使紧张情绪得以缓解、轻松。学会宣泄，通过适当的方式与途径将不良情绪宣泄出来；哭，可以让不良情绪随着眼泪释放出来，对消极情绪起到缓解作用；喊，最好办法是唱唱歌，吼几声，或是到空旷的山林原野，拟定一个假目标大声叫喊，发泄心中的一股“气”；诉，当不愉快时不要自己生闷气，要学会倾诉。找同学聚一聚，把自己积郁的消极情绪倾诉出来，以得到朋友的同情、开导和安慰。不过要指出的是，倾诉的对象不仅仅是朋友，还可以是亲人、老师、同学等。“如果你把快乐告诉一个朋友，你将得到两份快乐；如果你把忧愁向一个朋友倾吐，你将被分掉一半忧愁。”或是通过体育运动、劳动等方式来尽情发泄，效果非常不错。

必须指出，在采取宣泄法来调节自己的不良情绪时，必须增强自制力，不要随便发泄不满或者不愉快的情绪，要采取正确的方式，选择适当的场合和对象，以免引起意想不到的不良后果。

3. 注意力转移法

注意力转移法，就是把注意力从引起不良情绪反应的刺激情境，转移到其他事物上去或从事其他活动的自我调节方法。

学会转移，当出现情绪不佳的情况时，为了控制住不良情绪，可以有意识地转移注意力，把注意力从引起不良情绪反应的刺激情境转移到其他事物或活动上去，把注意力转移到使自己感兴趣的事上去，比如，到外面走一走，散散步，呼吸一下新鲜空气，放松一下那郁闷的心情，或看看电影、电视、读读书、打打球、下盘棋、找朋友聊天、换换环境等，有助于使情绪平静下来，在活动中寻找到新的快乐。这种方法，一方面中止了不良刺激源的作用，防止不良情绪的泛化、蔓延；另一方面，通过参与新的活动，特别是自己感兴趣的活动，而达到增进积极的情绪体验的目的。

4. 观念改变法

学会认识观念的改变，就是指改变对引起不良情绪的事物的看法，以改变我们的不良情绪。不良情绪的产生，通常是由于我们只注意到事物的负面或暂时困难的一面。如果换个角度，把注意力集中到事物的正面或光明的一面，就会看到解决问题的希望，从而乐观、自信起来。

凡事要将心比心，就事论事，如果任何事情，你都能站在对方的角度来看问题，那么，很多时候，你会觉得没有理由迁怒于他人，自己的气自然也就消失了。宽容大度、对人不斤斤计较，不要打击报复，当你学会宽容时，爱发脾气的毛病也就自行消失了。

5. 自我疏导法

人在遇到不良情绪的时候，如果不能自我调节，就会丧失继续前进的勇气。如果善于自我排解、自我疏导，就将不良情绪转化为积极情绪。当一个人遇到不幸或挫折时，为了避免精神上的痛苦或不安，可以找出一种合乎内心需要的理由来说明或辩解。如为失败找一个冠冕堂皇的理由，用以安慰自己，或寻找理由强调自己所有的东西都是好的，以此冲淡内心的不安与痛苦。这种方法，对于帮助人们在大的挫折面前接受现实、保护自己，避免精神崩溃是很有益处的。因此，当人们遇到情绪问题时，经常用“胜败乃兵家常事”“塞翁失马，焉知非福”“坏事变好事”等词语来进行自我安慰，可以摆脱烦恼，缓解矛盾冲突，消除焦虑、抑郁和失望，达到自我激励、总结经验、吸取教训之目的，有助于保持情绪的安宁和稳定。

6. 交往调节法

某些不良情绪常常是由人际关系矛盾和人际交往障碍引起的。因此，当我们遇到不顺心、不如意的事，有了烦恼时，能主动地找亲朋好友交往、谈心，比一个人独处胡思乱想、自怨自艾要好得多。因此，在情绪不稳定的时候，找人谈一谈，具有缓和、抚慰、稳定情绪的作用。人际交往还有助于交流思想、沟通情感，增强自己战胜不良情绪的信心和勇气，能更理智地去对待不良情绪。

7. 情绪升华法

升华是改变不为社会所接受的动机和欲望，而使之符合社会规范和时代要求，是对消极情绪的一种高水平的宣泄，是将消极情感引导到对人、对己、对社会都有利的方向去。如一同学因失恋而痛苦万分，但他没有因此而消沉，而是把注意力转移到学习中，立志做生活的强者，证明自己的能力。

8. 自我评价法

要有提高自我评价的意识，一些不良情绪的出现，常常是因为不能正确评价自己造成的。既不要把自己估计过高，也不要估计过低；既不要因为自己有某些长处而骄傲自满，也不要因为自己的某些缺点短处而自卑自责。正确地看待自己的能力和水平，会减少烦恼，保持乐观、奋发向上的心态。

总之，给自己的生活多找点乐趣，过一段时间，那些不良情绪就会自然沉淀下来。要尊重你的情绪，合理地疏导，保持良好的心态，做情绪的主人！

在上述方法都失效的情况下，仍不要灰心，在有条件的情况下，去找心理医生进行咨询、倾诉，在心理医生的指导、帮助下，克服不良情绪。

心理体验活动

活动目的：认识不良情绪的表现和危害，提高控制自己情绪的能力。

活动步骤与要求：将同学分组，每 8 人分为一组，设小组长一名，体验活动在组内进行。可以轮流扮演患者和心理医生。

试做心理医生 I

患者：一个脸上很少见笑容的男孩

案例介绍

孟某，男，某中学初三(4)班学生。个子高大、结实，正处于爱说爱笑的年龄，脸上却从来没有笑容。一双忧郁的眼睛常常茫然地望着地面，从不主动和别人搭话。鉴于他在小学有过任班干部的经验，班主任委派他担任班级劳动委员。可是在大扫除时，他却总是一个人默默地在扫在擦，身边喧闹的同学似乎与他完全无关。小学成绩优秀的他，课堂上却总是沉闷无语，不是低垂双眼，就是双手揪着头发沉重地伏在课桌上，甚至课后的作业也交不上了，成绩也逐渐下滑。他所在的(4)班的男生都酷爱篮球运动，几乎人人都参加过市体校篮球班的训练，可身体条件极好的他却从不参与。遇到集体外出的活动，他也总是交来家长签字的请假条而拒绝参加。

补充材料

孟某的父母皆从事石油勘探工作，常年在野外作业，孩子与父母关系生疏，他是在奶奶的呵护下长大的，祖孙俩感情深厚。他性格善良温和，刚上小学时也还是个活泼积极的孩子。可是在他八岁那年却遭受了成人都无法承受的刺激：他第一个目睹了奶奶被窃贼刺杀倒在血泊中的惨状！此后，这个八岁的男孩持续了两个月的低烧，他常常在半夜里惊醒，甚至整夜的失眠。这样突如其来的刺激所带来的创痛不是一个八岁的孩子所能承受的，随之而来的对不可预知的暴力侵袭与死亡的恐惧也不是一个八岁孩子能与之抗争的。终日被这无法宣泄的创痛与无法驱散的恐惧折磨着，活泼的孩子变得寡言少语，精神萎靡不振。不知情由的老师过于严厉的批评，同学们投来的不理解的目光，使他失去了向别人倾诉的勇气，失去了对外人的信任。唯一可以依靠的父母，又因亲子关系的生疏以及常年在外工作而忽略了孩子心理上的变化。由于没有得到及时而恰当的心理调适，孟某的心理在八岁时就开始出现了自闭的征兆。升入初中后，周围熟悉的环境发生了一定的变化。同班的同学都是家庭条件较好，而且倍受父母宠爱的十一、二岁孩子。他们自我意识很强，好表现、自尊心强，心里想得更多的是自己，不懂得考虑他人的感受，更没有学会如何去关爱他人。在这样一群同龄人中，孟某的孤独感更强烈了，心里益发觉得这世界的不公，他完全拒绝与任何人沟通。

要求：根据上述材料，从心理疏导的角度给出治疗方案。(了解分析心理问题原因、对症开出处方)

试做心理医生Ⅱ

案例介绍

张某，学习成绩中下，智力较好，自尊心强，有时又有自卑感，做事很情绪化，好表现自己，逆反心理十分严重，自我要求不严，做事随意。常和父母、老师发生冲突、顶撞，有很强的抵触情绪，经受不起老师、家长的批评。每当老师批评他时，他就会激动地将眼睛直对着老师，一副不服气的样子，甚至还和老师顶嘴。有一次在家，因外婆说他拿了她的一百元钱而埋怨他，与外婆吵了起来，还骂了外婆，事后母亲知道了又狠狠地批评了他，他因此几天不理母亲，并且在家不好好做功课。

补充资料

该生的行为一方面是做事冲动，遇事缺乏理性的思考，另一方面也是青春期的一种表现，许多青春期的孩子对大人都有一种逆反心理。他们往往把家长和老师的批评、帮助理解为与自己过不去，认为伤害了自己，因而就会表现出严重的敌对倾向。

分析其原因主要有三个：一是家庭原因，怕别人瞧不起他，而经常像刺猬一样竖起身上的刺来保护自己。而母亲也经常忙于工作，与孩子的沟通较少，遇事缺乏正确的处理方式。二是小学时得了不少奖，以此很自傲，很自以为是，而且没能正确地对待这些荣誉，助长了他的骄傲气焰。三是青少年特有的半幼稚半成熟的特点，使他看问题容易产生偏见，以为与老师、家长对着干很勇敢，是一种英雄行为，因而盲目反抗，拒绝一切批评。

要求：请你开具处方，帮助他调控情绪。

体验活动结果展示

各小组长将本组个人开出并提交的处方资料收齐，并就总体情况做出总结，在全班面前展示，供同学查验，要求有活动过程的介绍、活动后的新的认识。

任务评价

1. 小组活动评价标准

组长负责分配不同的组员去完成任务，每个成员完成每项活动的体验，每个环节都体验到，有具体的情景描述。组长负责组内分数评定：完成任务，得 30 分；如果有漏错等情况，分别给予扣减相应的分值。

（1）态度：服从组长分配，用心完成任务，根据所学知识发现自己的模糊认知，并找到自己问题的症结所在，与小组成员进行讨论，大胆阐明自己的对策和努力方向。

（2）互助与合作：帮助组内其他成员解决问题，与小组成员一起分享观点，分担任务和责任。

（3）倾听：认真倾听他人的观点，并能针对其他成员的交流提出自己的观点与见解。

（4）展示与效果：代表小组发言，能全面、准确地汇报小组共同学习成果。

小组成员评价意见如表 2–9 所示。

表 2–9　小组成员评价表

________小组名称　　　　　　　　　　　　　　　　　　　　组长：________

小组成员	态度 5 分	互助与合作 10 分	倾听 10 分	展示与效果 5 分

2. 教师评价标准

教师负责评价每组的任务完成情况，量化评价标准，对工作结果进行评价。总分值最高为 70 分。教师对小组进行评价的标准如表 2–10 所示。

表 2–10　小组学习评价指标

序号	评价指标	分值
1	能在规定时间内小组合作完成活动任务，顺利展示。观点正确，正确运用知识，发现问题恰当，有解决对策，表述逻辑性强	60 ~ 70
2	能在规定时间内完成体验任务，能做展示。有自己的观点，表述清楚	50 ~ 59
3	获得老师或其他组的帮助能完成工作任务，有展示	40 ~ 49

3. 教师点评

教师进行点评时，汇总小组内评价，教师对小组评价后进行总结点评，每个学生最后得分为所在小组分值加上成员评价分值。

项目三

和谐关系　快乐生活

▶教学目标

了解生活中面临的心理困扰和心理行为问题，拒绝不良诱惑。掌握建立和谐人际关系的方法，积极地适应社会生活，提升人生意义和生命价值。

▶教学要求

认知：了解人际交往和社会适应障碍的成因，理解和谐人际关系、快乐生活的意义。

情感态度观念：热爱生活，崇尚人际交往中的尊重、平等、谦让、友善和宽容，反对自我中心、霸道和恶意报复，追求健康的生活方式。珍惜亲情、学会感恩。

运用：建立和谐的同伴关系、师生关系。运用积极的应对方式适应生活，提升自己的生活质量。抵制校园暴力，拒绝不良诱惑。

学习任务1 初步认识人际关系

人际关系是人与人之间在活动过程中直接的心理上的关系或心理上的距离。人际关系反映了个人或群体寻求满足其社会需要的心理状态，因此，人际关系的变化、发展决定于双方社会需要满足的程度。人在社会中不是孤立的，人的存在是各种关系发生作用的结果，人正是通过和别人发生作用而发展自己，实现自己的价值。处理好人际关系有利于生活幸福、心理健康和身体健康，有利于促进和谐社会的建设，有利于促进个体素质的提高和个体全面发展。人际关系对人的影响是潜移默化的，时间久了，会把建立和维持人际关系的原则化为自己的价值体系，来调节、支配自己的行为，获得正确的社会文化规范和社会角色，从而提高个体的素质。

> 一个即使由两个人组成的社会，如果每个人都不放弃一些自主权，又怎么可能存在呢？
>
> ——恩格斯

心灵故事

李玉峰和齐小华是某中职学校建筑专业的学生，同住一个宿舍，但是由于在对青少年学生谈恋爱的看法上相差甚远，经常斗嘴，导致彼此不服气，互相看不起，矛盾时有发生。用李玉峰的话说齐小华比自己更会处理人际关系，到最后同宿舍的其他同学都站到了自己的对立面。李玉峰的宿舍同学关系开始变得紧张起来，其他人都不理解他、不信任他，少数同学甚至奚落他。李玉峰对他们也充满怨恨和不信任，进而猜疑和反感，只要有两位同学当着他的面嘀咕几句，他就认为他们是在说自己的坏话，心里十分苦闷；而齐小华却好像整天都过得很开心、很快乐。看到这一切，李玉峰感到无能为力的同时又十分伤心，心胸开始变得狭窄，一度产生了退学的念头。

心理问题分析：

从李玉峰和齐小华同学的对比来看，可见人际交往对青年学生心理健康的重要影响。李玉峰因人际交往的紧张，自己的心里充满了猜忌、嫉妒和对他人的不信任。经过对李玉峰的人际交往技巧的心理辅导，李玉峰对齐小华同学开始变得更加宽容，并试着改变和宿舍其他同学的关系，慢慢在李玉峰的脸上又看到了灿烂的笑容。事实表明，心胸是否宽广、包容与青少年学生人际交往是否和谐直接相关，只有良好的人际交往，才能使青少年学生的心里对人对事变得宽容、理解和信任。

知识导航

一、人际关系的定义

人际关系是人与人在沟通与交往中建立起来的直接的心理上的联系，其特点包括：

（1）个体性。人际交往双方的社会角色会影响彼此的人际关系，但社会角色关系与人际关系不同。在人际关系中，社会角色退居到次要地位，而对方是不是自己所喜欢或愿意亲近的人则成为主要问题。

（2）直接性。人际关系是人们在面对面的交往过程中形成的，个体可切实感受到它的存在。没有直接的接触和交往，就不会产生人际关系。人际关系一旦建立，就会被人们直接体验到。双方在心理距离上的趋近，会使个体感到心情舒畅；若有矛盾和冲突，则会感到孤立和抑郁。

（3）情感性。人际关系的基础是人们彼此之间的情感联系。情感是人际关系的主要成分。人际关系间的情感倾向有两类：一类是使人们彼此接近和相互吸引的情感；另一类是使人们互相排斥和疏离的情感。

二、人际关系的建立与发展阶段

一般来说，良好人际关系的建立与发展要经过定向、情感探索、情感交流和稳定交往四个阶段。

（1）定向阶段。定向阶段涉及注意、选择交往对象，与交往对象进行初步沟通等方面的心理活动和行为。

（2）情感探索阶段。此阶段，双方探索彼此在哪些方面可以建立情感联系。随着双方共同情感领域的发现，彼此沟通越来越广泛。此阶段会发生一定程度的情感卷入。

（3）情感交流阶段。人际关系发展到这一阶段，双方关系的性质发生重大变化，双方的信任感、安全感开始建立，沟通的深度和广度有所发展并有较深的情感卷入。此时，双方会提供评价性的反馈信息，进行真诚的赞许和批评。

（4）稳定交往阶段。在此阶段，交往的双方在心理相容性方面进一步拓展，允许对方进入自己的私密性领域，沟通和自我暴露广泛而深刻。

三、良好人际关系原则

每个人都希望交许多朋友，收获真挚的友谊。怎样才能做到这一点呢，心理学家建议在人际交往中遵守下列原则：

（1）相互性原则。人际关系的基础是彼此间的相互重视与支持。任何个体都不会无缘无故地接纳他人。喜欢是有前提的，相互性就是重要的前提，我们喜欢那些也喜欢我们的人。人际交往中的接近与疏远、喜欢与不喜欢是相互的。

（2）交换性原则。人际交往是一个社会交换过程。交换的基本原则是：个体期待人际交往对自己是有价值的，在交往过程中的得大于失或等于失，至少是得别太少失别太多。人际交往是双方根据自己的价值观进行选择的结果。

(3) 自我价值保护原则。自我价值是个体对自身价值的意识与评价；自我价值保护是一种自我支持的心理倾向，其目的是防止自我价值受到否定和贬低。由于自我价值是通过他人评价而确立的，个体对他人评价极其敏感。对肯定自我价值的他人，个体对其认同和接纳，并反过来予以肯定与支持；而对否定自我价值的他人则予以疏离，与这种人交往时，可能激活个体的自我价值保护动机。

(4) 平等原则。在人际交往中总要有一定的付出或投入，交往的两个方面的需要和这种需要的满足程度必须是平等的，平等是建立人际关系的前提。人际交往作为人们之间的心理沟通，是主动的、相互的、有来有往的。人都有友爱和受人尊敬的需要，都希望得到别人的平等对待，人的这种需要，就是平等的需要。

(5) 相容原则。相容是指人际交往中的心理相容，即指人与人之间的融洽关系，与人相处时的容纳、包涵、宽容及忍让。要做到心理相容，应注意增加交往频率、寻找共同点、谦虚和宽容。为人处世要心胸开阔，宽以待人。要体谅他人，遇事多为别人着想，即使别人犯了错误，或冒犯了自己，也不要斤斤计较，以免因小失大，伤害相互之间的感情。

(6) 信用原则。信用指一个人诚实、不欺骗、遵守诺言，从而取得他人的信任。人离不开交往，交往离不开信用。要做到说话算数，不轻许诺言。与人交往时要热情友好，以诚相待，不卑不亢，端庄而不过于矜持，谦逊而不矫饰做作，要充分显示自己的自信心。一个有自信心的人，才可能取得别人的信赖，处事果断、富有主见、精神饱满、充满自信的人容易激发别人的交往动机，博取别人的信任，产生使人乐于与你交往的魅力。

(7) 理解原则。理解主要是指体察了解别人的需要，明了他人言行的动机和意义，并帮助和促成他人合理需要的满足，对他人生活和言行的有价值部分给予鼓励、支持和认可。

上述这些人际交往的基本原则，是处理人际关系不可分割的几个方面。运用和掌握这些原则，是处理好人际关系的基本条件。

小链接

影响青少年人际关系的原因

就心理层面而言，生理的变化，意味着他不再是孩童，不能再用孩童的方式去接触世界和处理事情。另外，随着自我的扩展，他要知道自己是怎样的一个人，他要确定自己已经长大，是一个独立自主的人，他也还在寻找自己行为的规范。于是，一方面要挣脱旧有的束缚，学做大人、学做自己，却又放不掉对亲情的需要；另一方面，理性仍尚未成熟，再加上他认为成年人不了解他，他也不愿意(或害怕)在成年人面前暴露自己的迷惑。凡此种种，表现在行为上较常见的是：冲动、情绪不稳定、脾气乖张、容易生气、

小链接

叛逆反对、爱批评、没礼貌、神秘兮兮、顾左右而言他、沮丧忧郁、矛盾冲突等等。学生过度资讯化、道德价值混淆、家庭功能减退、学校作风保守、教师与学生冲突、同侪适应不良，成为学校极大之困扰。特别是教师对学生辅导时，常处于敌对之立场，不易有辅导成效，改进此现象首先应建立良好师生关系。教师对学生建立人际关系时，应先教导学生正确掌握人际关系及人际吸引原则。

父母师长要如何面对代沟问题

了解孩子在此时期的改变，包容他们为追寻自我所表现的行为，学会控制自己的情绪，不被孩子们的问题行为所激怒。愿意随着青少年的转变，改变自己对待他们的方式，进而谋求行为和问题的改善。有效的沟通是彼此间的桥梁，邀请孩子参与家庭会议，在合理的期望下，赋予他们责任感。安排与孩子相处的时间，主动接触、关怀，并了解他们的需求与困扰，必要时予以支持、疏导。技巧地引导孩子谈论性事，父母可以在较轻松自然的状况下，询问孩子的交友状况，给孩子成长的时间与空间，让他们得以在尝试错误之中学习与成长。

心理体验活动

活动目的：认识人际关系的含义、特点以及影响因素，提高处理好人际关系的能力，积极适应社会生活。

活动步骤与要求：将同学分组，每 8 人分为一组，设小组长一名，体验活动（讨论交流为主）在组内进行。

分组讨论的问题

1. 无论你是否意识到，每个人的一生都在各种关系中生存，父母、家人、孩子、朋友、爱人、领导、同事等等，每个人都拥有独一无二特的人际关系模式，是不是某些关系让你很困惑呢？

2. 面对关系中的冲突，你是否很困惑和迷茫？是否觉得很孤独，却又很难与其他人走近呢？

3. 你时常遭到父母的否定，与父母的关系让你甚是困扰。

4. 你总是很真诚地对待别人，却常常遭到他人的误解，甚至被出卖。

5. 在亲密关系中，常常得不到想要的结果，很难达到心灵的契合和更进一步的亲近。

6. 你总是很认真、很努力地工作，却很难得到领导的赏识和同事的认可。

7. 你对于现在的生活越来越不满意，却说不清楚具体的内容……

讨论的问题：讨论探寻上述具体关系情景的原因，如果你希望能够获得更有效的解决，你需要从人际关系模式的深度来探索和寻求解决的方法。讨论后写下来。

体验活动结果展示

各小组长将本组个人论点论据记录整理，并就总体情况做出总结，在全班面前展示，供同学查验，要求有活动过程的介绍、活动后的新的认识。

任务评价

1. 小组活动评价标准

组长负责组织讨论，每个成员要积极发言提出自己的认识。组长总结有具体的情景描述。组长负责组内分数评定：利用知识观点正确，完成任务，得 30 分；如果有漏错等情况，分别给予扣减相应的分值。

（1）态度：服从组长分配，用心完成任务，根据所学知识发现自己的模糊认知，并找到自己问题的症结所在，与小组成员进行讨论，大胆阐明自己的对策和努力方向。

（2）互助与合作：帮助组内其他成员解决问题，与小组成员一起分享观点，分担任务和责任。

（3）倾听：认真倾听他人的观点，并能针对其他成员的交流提出自己的观点与见解。

（4）展示与效果：代表小组发言，能全面、准确地汇报小组共同学习成果。

小组成员评价意见如表 3-1 所示。

表 3-1　小组成员评价表

________小组名称　　　　　　　　　　　　　　　　　　组长：________

小组成员	态度 5 分	互助与合作 10 分	倾听 10 分	展示与效果 5 分

2. 教师评价标准

教师负责评价每组的任务完成情况，量化评价标准，对工作结果进行评价。总分值最高为 70 分。教师对小组进行评价的标准如表 3-2 所示。

表 3-2　小组学习评价指标

序号	评价指标	分值
1	能在规定时间内小组合作完成活动任务，顺利展示。观点正确，正确运用知识，发现问题恰当，有解决对策，表述逻辑性强	60~70
2	能在规定时间内完成体验任务，能做展示。有自己的观点，表述清楚	50~59
3	获得老师或其他组的帮助能完成工作任务，有展示	40~49

3. 教师点评

教师进行点评时，汇总小组内评价，教师对小组评价后进行总结点评，每个学生最后得分为所在小组分值加上成员评价分值。

学习任务 2 建立同学、同伴间的和谐关系

青少年学生的同学、同伴关系是社会关系的重要组成部分，是同学之间由于交往而产生的一种心理关系，它反映了青少年学生这个特殊群体寻求满足其自身需要的心理状态，表明青少年学生在相互交往过程中关系的深度、亲密性、融洽性和协调性等心理方面联系的程度。它在青少年的发展和社会适应中具有无法取代的独特地位，是不容忽视的重要环境因素之一。

和谐的同学、同伴关系，是一个同学心智成熟的标志，对其学习与生活具有特殊的激励和陶冶作用。实践表明，一个同学在一个相互关心、和谐相处的环境里，自律、互律、互助、共进；孤独者得到温暖，缺陷者得到补偿，愚者因而变智，弱者因而变强，身心得以健康发展，形成健全人格，个体的内在积极性可以得到最大限度地调动，创造性可以得到最充分的发挥，提高学习效率。

> 如果没有友谊，人们的任何交往都没有价值。
>
> ——伊·科恩

心灵故事

新生王树新入学没几天，就找到班主任要求调换宿舍，调换到另一个无人的宿舍，原因是因中考失利无奈，来到中职学校就读，入学后下定决心，通过自己的努力能考取一所重点本科院校。他的作息时间安排的是晚上 10 点就开始洗漱入睡，立志养成早睡早起的习惯，而宿舍的另外三位室友都很晚才回来，有的打游戏到很晚，严重影响到他的作息安排。外加和室友性格不合，因此想调换宿舍的想法十分强烈，特别想在一个没有人打扰的地方一个人生活。

心理问题分析：

王树新家里有三个兄弟姐妹，父母都在家务农，从入学开始就想要通过自己的努力，将来能扭转家里的经济局面。他性格较为孤僻，寡言少语，基本上不和同学们交流，喜欢独来独往。学习非常认真，在宿舍的时间少，大部分时间都在教室里，也很少参加集体活动。

王树新想要调换宿舍的心理动机的根源在于家庭和性格的影响。首先，由于家庭经济紧张，他想要实现目标的愿望过于强烈，导致忽略了生活中其他因素（如与室友的和谐相

处、组织协调能力的提高、集体荣誉感的加强等)；其次，孤僻安静的性格造就了他平时独来独往的生活习惯，从而与室友、同学之间交流过少，错失了化解矛盾冲突的机会，也就在磨合过程中缺少了理解和体谅，更多的是把自身的利益摆在第一位，在遇到不和谐的事情后，便选择更换宿舍这种逃避的方式来解决问题。

知识导航

一、青少年学生同伴交往的特点

青少年学生逐步完成个体社会化，达到社会成熟的阶段，在这一阶段，同伴交往关系的特点：

(1) 集体观念增强。参加交往不仅仅是为了免于被孤立和歧视，还包括满足自己归属、自尊的需要。因此在交往中他们十分注意自己在集体中的地位，注意自己在同学心目中的形象，注意自己的威信和作用。

(2) 重视同学友谊。随着同学交往范围的扩大和向纵深发展，青少年学生寻求朋友、建立友谊的需要也更为强烈。这种友谊一方面具有持久性；另一方面具有专一性，即关系融洽的朋友很多。

二、青少年学生同伴关系的类型

青少年学生中的同伴关系不是单一型的，往往是有多种不同类型的关系交织在一起。根据不同的标准，可以划分若干种类。

1. 校内同伴关系、校外同伴关系

根据青少年学生交往的对象和范围，可以把青少年学生同伴关系分为校内同伴关系和校外同伴关系。

(1) 校内同伴关系。一般指在校内同学其中包括本班和外班同学之间的关系。

(2) 校外同伴关系。一般指在校外同龄人之间的关系。

2. 友好关系、对立关系、孤立关系

根据青少年学生在学习、生活等方面交往的深度、亲密性、融洽性，可以把同伴关系分为友好关系、对立关系、孤立关系。

(1) 友好关系。友好关系的特点是双方接近、融洽、信任、亲密、富有吸引力。

(2) 对立关系。对立关系的特点是相互不融洽、疏远、排斥、摩擦、冲突、彼此反感、厌恶、嫉妒、嫌弃，甚至争斗。

(3) 孤立关系。学生在情绪上如果对对方既不产生积极的体验，也不产生消极的体验，则在彼此关系上就会相互忽视、冷淡并逐渐疏远。

3. 合作关系、竞争关系

同学们在学校参与各项活动，合作和竞争的现象是经常发生的。竞争和合作都不可或缺，合作能使人更容易体验到成功的心理效应，它能使双方得到更多好处；竞争能提高热情，激发潜能，增强实现目标的内驱力。

(1) 合作关系。合作就是协作共事，在追求集体活动目标实现和集体利益获得满足的同时，实现自己的活动目标，满足自己的合理需要，最终实现“不求人人成功，但求人人进步”。所以，合作关系，是合作者双方心理相容的关系。

(2) 竞争关系。竞争是在追求某种活动目标时比胜负、争高低的关系。双方的利益可能一致，也可能不一致，一方的胜利意味着另一方的失败。同学间的竞争关系大体有两种状态：一种是纯冲突的同伴关系，寸利必争；另一种是无根本利益冲突的竞赛，“友谊第一，比赛第二”，比学赶超，使弱者变强。

三、青少年学生同伴关系的主要问题及其成因

1. 主要问题

青少年学生同伴关系主要存在着以下几个问题：

(1) 过分依赖。在青少年学生的同伴关系中，有这样一类学生，他们依附于其他同学，事事依赖别人，自己没有主见而又丧失自尊心。吃饭在一起，走路在一起，在一起逛街，在一起学习……形影不离。如果其中的一个人有一次擅自离开自己，而和他人在一起，自己就会感到不高兴，甚至会吵闹，长此以往，双方都觉得很累。

(2) 不良竞争。在班级中有这样的同学，他们原来在各自的学校或者班级是佼佼者，但“一山不容二虎”，双方铆足了劲要竞争。在班级中他们的竞争是多方面的，尤其是学习上竞争。为了达到战胜对方的目的，有些同学采取了一些不良竞争手段。如乘对方不注意，把他的学习材料悄悄偷走，又如在同学中间散布不利于竞争对手的信息。这些现象的存在不利于班级同学之间的和谐、同伴关系的建立及和谐班风的形成。

(3) 对立关系。由于某种原因(性格、心理、学习等)，青少年学生间也会产生对立关系。如一位学生平时比较内向，喜欢独自一人，而班级中另外一位学生性格外向，喜欢和同学交谈，在班级表现比较活泼。这样两位学生由于性格问题，彼此就看着不顺眼，慢慢地就会产生对立。这种对立关系不仅影响双方的学习、影响同伴关系，而且还会带来班级内部的不团结，发生内耗。

(4) 自我封闭。在班级里，很多同学没有认识到同伴关系的重要性。他们经常独来独往，一般不和其他同学联系。当他们在生活和学习中遇到困难时，就自己一个人去面对解决，这样对他们的成长是非常不利的。这些同学在班级里人数不少，对班集体的建设有一定的影响。

(5) 哥们义气。青少年学生在生理和心理上都处于人的一生最关键而又有特色的时期。在生理上，正处于青春发育期，心理上，正处于断乳期。所以，他们的思维、言行，带有较大的主观性、片面性和偏激性。同时，他们的情绪和情感的内容十分丰富，重感情，讲友谊。但总体看来，青少年学生的情绪和情感比较强烈，带有明显的两极性，很容易动感情。

(6) 成绩歧视。主要对象是学校中的学业不良者。学校中的成绩往往是一种荣耀，学业成绩好就被同学尊敬与羡慕，学生往往愿意与成绩好的同学交往，不想与不良学生“同流合污”，因为学业不良的学生往往被教师认为是不好的学生，这些学生在学校中处于不良的地位。

(7) 自以为是。多数为自我中心化的学生，他们唯我独尊，别人都得听他的，不能容纳别人的意见，心眼又小，导致同伴关系紧张，与同学之间矛盾重重。

2. 成因分析

产生以上问题的主要原因有四个方面：

(1) 社会因素。

① 错误价值观的存在。随着社会主义市场经济体制的建立，人们在观念、人生价值取向等方面正在发生新的变化，改革开放和市场经济的一些负面影响如金钱万能、权钱交易、人皆自私论等对青少年学生的影响较大。有些同学从媒体上看到几则金钱万能、权钱交易的实例之后，就认为在今天的社会里，有了钱就有了一切，有了钱就可以办成任何事，把人与人的关系简单化为人与钱的关系，认为人与人之间没必要付出真情，对他人的真情付出是以钱的多少来衡量的。这种观点自然会影响他们与他人的交往的积极程度。因此，这些同学认为与亲人、朋友之间的友情都是用"钱"来交换的。

② 网络的负面影响。随着计算机产业狂飙般迅猛发展，电脑的普及、信息网络的普及，丰富了学生的兴趣，开拓了他们的视野，但也要看到，部分青少年学生热衷于电子游戏或进网吧聊天室，这也可能引起他们与他人同伴关系的淡漠，减少体验生活和接触自然的机会，对他们身心带来各种不良的影响。

(2) 学校因素。

① 应试教育客观压力。在"中考""高考"的指挥棒下，在每次统考后明里暗里排名的无形压力下，每个学校虽然都高唱要贯彻素质教育，可应试教育的那一套照抓不误，重智轻德，分数第一，名次第一。怎样建立和谐的同伴关系，学校教育显得有点力不从心。

② 教师的"偏爱"。在教学中，老师有时会自觉地不自觉地"偏爱"学习好的学生，"偏恶"学习差的学生，这不仅会影响学习差生与老师的关系，也会造成学习差生对学习好生的嫉妒、敌视，引起他们之间的关系紧张，互不理睬，缺乏关爱。有时学习好的学生有困难，那些学习差的学生往往是幸灾乐祸的。

(3) 家庭因素。家庭对子女不教育、不会教育的现象令人忧虑。在一个家庭中，和谐的亲子关系是以爱为基础的。爱实质上由"被爱"和"施爱"两部分组成。凡是真诚的爱，都是双向互助的，是在体验中产生、在交流中发展的。家庭的教育、环境、经济条件等都会影响青少年学生同伴关系，具体有以下几个表现：

① 有的家庭忙于赚钱，对子女只愿出钱不愿花时间精力，把教育子女的责任推给学校，和子女的感情沟通越来越少，感情也越来越淡漠。这样就会使孩子想到：父母对于子女的感情只是一沓沓的钱，更何况对他人，那他人对我又能怎样？人与人之间难以有真正的关爱。在家里，没有"被爱"，当然也不会去"施爱"，这使少数学生对他人关心的程度大大降低，产生对人"冷漠"的现象。

② 有的家庭对孩子只是"给予"，不讲"回报"，不去指导孩子"施爱"，这种单向的爱，造成了孩子的情感畸形，只知叫父母关心自己，不知自己还应关心父母，更不知道关心别人。

③ 有的家庭父母是绝对权威，孩子根本没有发言权，这样家庭的孩子大多比较内向，不愿和人交往。

④ 在减员增效、发展经济的大形势下，有的学生的父母失业了。不论是什么原因引起的失业，都使这些父母深深地感到生存的危机，于是教育孩子，只有学习好，将来考个好大学，学个好专业，才能找个好饭碗，才能不像自己活得那么累，学习第一重要，其他的什么都不用管。

⑤ 现今的青少年学生绝大多数在家衣来伸手、饭来张口，事无巨细都有人为他包干到户。

（4）自身因素。同伴关系是通过人们的交往而建立起来的。在班级里，和哪些同学保持亲密关系，和哪些同学关系紧张是由多种因素造成的。对于学生自身来说，有以下原因：

① 自负。现在的学生大多数是家之骄子，自我中心意识过于强烈。凡事都希望以自己的喜好为出发点，不大顾及别人的感受。在家里可能长辈会让着自己，而到了学校，由于大家都处于平等地位，再用那种态度去与同学交往就很容易碰钉子。

② 自私。现在的学生往往都是以自我为中心，在班级中别人处处要让着他。这样的学生在班级中大都不受欢迎，同伴关系恶劣。

③ 羞怯。表现为与人交往时(尤其是大众场合下)，会不由自主地感到紧张、害怕、脸红心跳，以致手足无措、语无伦次。严重的甚至害怕见人，达到这种程度也可称之为社交恐惧症、人际恐怖症。

④ 固执。做事情不听别人的劝告，一意孤行，明知自己错了也要坚持，不肯悔改。对于别人的批评和建议，一概拒绝，从不接受他人的意见，过分自以为是。这样的学生很容易造成同学间的同伴关系紧张。

⑤ 孤僻。不和其他同学接触。有两种情况：一种是孤芳自赏，自命清高，不愿与人为伍；另一种是属于有某种特殊的怪癖，使别人无法接纳，从而影响与同伴交往。

⑥ 恐惧。表现为与人交往时会不由自主地感到紧张、害怕，以至于手足无措，语无伦次，严重的甚至害怕见人。

⑦ 敌意。表现为讨厌他人，甚至仇视他人。把同学关系看成相互利用的关系，这样很容易造成同学间关系紧张。

⑧ 多疑。有些同学在与朋友交往的时候，往往会不大信任对方，总担心自己会上当受骗，处处都提防别人。这其实是对于友谊最大的挑战。

⑨ 悲观。在班级里有些同学有悲观情绪，不想和他人交往。

⑩ 嫉妒。表现为对他人的长处、优点、成绩等心怀不满，抱以嫉恨。形成嫉妒心理的原因是多方面的。

四、青少年学生建立和谐同伴关系的策略

1. 加强自身修养

交友的过程实际上是一个互相接纳的过程，你以严格的标准选择别人，别人也在选择你。你给别人的其实就是给你自己的，同伴关系又被称为互惠关系，意味着自己能给别人什么，别人才可能给你什么。有了和谐的自身素质，你对别的同学给予更多的关爱，你的和谐素质给别的同学留下很好的印象，得到别人的认同，这时就意味着你会被别人引为知己，友谊便很容易建立起来。

(1) 思想品质修养。树立正确的世界观、人生观和价值观。建立和谐的同伴关系，必须提高自身的思想品质。

① 认识个人和集体的关系。人离不开社会，人生活在集体中，不能只考虑对自己是否有益，更重要的应该考虑对集体是否有益。班集体是个大家庭，自己是大家庭中的一员，因此要处理好个人和班集体的关系。

② 认识自己和他人的关系。在学校生活中，总是要和其他同学发生这样那样的联系和关系，否则就无法发展，更谈不上有所创造、有所贡献了。因此必须正确认识自身与同学的关系，学会在学校学习、生活期间尊重同学、关心同学、理解同学。

尊重同学。古人说“尊人者人尊之，轻人者人轻之”，人与人之间珍贵的是尊重。每一个同学在学识、能力、性格、气质等方面会有差别，但在人格上，大家是平等的，应该互相尊重，平等相待。

关心同学。要在学习、生活等方面给其他同学以热情的帮助，把其他同学的困难当作自己的困难，热情地帮助他们排忧解难。

理解同学。要真正地知道其他同学喜欢什么、不喜欢什么；要什么、不要什么；为什么这样、为什么不这样……当同学不开心时，需要安慰；当同学遇到困难时，需要帮助；当同学做错事情时，需要及时提醒。只有这样才能在同学中间建立和谐同伴关系。

(2) 道德品质修养。牢固树立心中有祖国、心中有集体、心中有他人的意识，懂得为人做事的基本道理，具备文明生活的基本素养，学会处理人与人、人与社会、人与自然等基本关系。形成豁达大度、克制忍让、温和亲切、正直诚实、委婉含蓄的优良道德品质，这些优良品质是同伴交往吸引力的源泉。

①豁达大度。豁达，即性格开朗；大度，即气量恢宏。合起来就是说，在处理同伴关系时，要气量宽宏，能够容人。

②克制忍让。克制和忍让，是搞好同伴关系应有的修养和准则。生活中常常有这种情况：你认为不顺心的事，别人却认为很好；你认为事情应当这样办，别人却认为事情应当那样办。

③温和亲切。所谓“和”是指说话要和气，为人要和蔼，相互之间要和睦相处，遇有分歧意见要心平气和地交换意见，与人交往要和颜悦色。即使他人有错误，也要和风细雨地摆事实、讲道理，使人心悦诚服等。

④正直诚实。正直，就是为人要正派，不搞歪心眼。正直的人，为人处世总是正大光明，坦诚相见；正直的人，凡事能坚持原则、伸张正义，敢于同一切错误的言行做斗争。正直的人，要保持人格的尊严。

⑤委婉含蓄。生活中我们常见到一些“心直口快”的人，他们想到什么就说什么，结果往往不是造成了误会，就是伤了和气。可见，为了搞好同伴关系，既要正直、诚实，还要讲究方式方法。

2. 引导学生同伴交往

青少年学生同伴交往中存在的问题需要教师加以关注和引导。中职学生既热切希望构建良好的同伴关系，又无法完全依靠自己去完成；既希望脱离家庭的约束，对权威有反叛精神，又期待在自己遇到问题迷茫时，得到长辈的指点。

教师是家长之外与学生接触最多的人，在师生互动中，教师具有主导地位，教师通过师生互动过程对学生施加影响，这种影响至关重要。应从以下几个方面加以引导。

（1）端正交往态度。交往态度是指学生对待交往以及在交往情景中表现出来的一种比较稳定的心理倾向，它是影响学生交往积极性和交往效果的一个重要因素。

① 主动。青少年学生对外在世界的观察和思考已接近成熟，但对内在自我的反省能力却有待发展。在同伴交往中，往往觉得别人不关心自己，或不尊重自己，却很少反省自身，问问自己对别人怎样。

② 热情。热情是一种重要力量，能够鼓舞及激励一个人对手中工作采取行动。一个充满热情的人很容易把自己的良性情绪传染给别人，一个面带微笑的人很容易被他人接纳。每个人在生活中都会遇到许多烦恼的事，但我们不应被它们所奴役，而应像鲁迅先生所说的那样：敢于直面惨淡的人生！学会愉快地面对生活可以从行动入手，让自己高兴地去做事，以微笑去待人 。

③ 自信。生活中不难发现，有的人身上仿佛有一种魔力，周围人都乐于聚在其身边，这类人往往能在短时间内结识许多人。心理学研究表明，这类人大都具有自信的品质：“我是一个受人欢迎的人，我喜欢与人交往。”这样的心态使人以开放的方式走向人群，他们心地坦然，很少有先人为主的心理防御，因而言谈举止轻松自在，挥洒自如。

④ 真诚赞美。为了搞好同学间的同伴关系，必须学会诚心地赞美同学。希望得到别人的赞扬是人的一种心理需要，赞美别人也并非是一件难事，因为每个人多少总有一些值得赞美之处。

⑤ 换位思考。这对建立和谐的同伴关系很重要。如果我在他的位置上，我会怎样处理？经常站在对方的角度去理解和处理问题，一切就会变得简单多了。一般而言，善于交往的人，往往善于发现他人的价值，懂得尊重他人，愿意信任他人，对人宽容，能容忍他人有不同的观点和行为，不斤斤计较他人的过失，在可能的范围内帮助他人而不是指责他人。

⑥ 讲究谈话技巧。在同伴交往中，当你与别人谈话时，必须始终能意识到双方同时兼有说话者和听话者的双重角色，意识到言语交往的双向性。也就是说，要意识到自己的责任不仅是把自己的思想表达清楚，还应考虑怎样谈才能使对方产生兴趣，易于理解，并根据对方反馈信息来调整自己的讲话内容和方式。

⑦ 保持适当距离。有些人会有这样一种认识，认为朋友之间应该无所不谈，两个人走得越近越好，甚至恨不得变成一个人。如果这样做的话，开始两个人之间可能会没什么大的问题，但时间一长，就容易产生许多的矛盾。这就是心理学上所称的空间距离效应。

(2) 开展班级互助小组活动，并加以指导。

班级互助小组活动是中职学生构建良好同伴关系的重要途径。班级是学生在学校中形成的自然群体，学生在学校中的活动主要是以班级为背景来完成。很多中等职业学校出于安全考虑，采用半封闭式管理，如果是住校生，甚至只有周末休息日才被允许离开校园。因此，从客观上看，中职学生日常生活的大部分时间，是在学校，与班级内的同伴们一起度过的。从而，使得通过班级教育活动来帮助学生构建良好同伴关系成为可能，也为活动实施提供了时间、空间上的有利条件。

心理体验活动

做一回心理医生

案例介绍

李某，女，15 岁，市某中学初二学生，学习成绩较好，智商中上等，外向型性格，开朗，有个性，思维活跃，敢说敢做。但盛气凌人，自以为是，孤芳自赏，桀骜不驯，嫉妒心强；认为人与人之间无信任和善良可言，皆唯利是图；对他人缺乏真诚。虽然李某学习成绩好，但同学不太喜欢她。她与家长、老师说话也是咄咄逼人，因此与人沟通时总带着争吵的神态，难以心平气和地交流。自认为是不太受人欢迎的人。她想交知心朋友，但同学敬而远之。所担任的班干部工作常因同学的不合作而使她不能如愿。她因而情绪极受影响，气哭过几次，辞职几次，甚至想走绝路。

案例分析

青少年学生正处在身心发育的高峰时期，独立意识和自信心逐渐增强。李某因学习成绩好、思维活跃，加之性格外向、敢说敢做，因而不隐藏自己的喜、怒、哀、乐，说话易得罪同学。她的过于自信使她产生自傲心理，同学因被她瞧不起而远之。她没有知心朋友来交流思想，难以获得同伴的认可。所以她认为人与人之间无信任，都是虚伪的。她为了保护自己的荣誉和自尊，以自私、嫉妒的心理，盛气凌人的态度对待同学、家长、老师，而她内心又渴望大家对她友善和关爱。在日记《推荐我自己》中能明确分析自己的优劣，并意识到自己的不足，但对改变自己无能为力，发出“还有人喜欢我吗？”的感叹，请求老师帮助她向同学推荐自己。这是优等生常出现的人际交往的心理问题。

针对该同学的辅导方法开出处方。

活动目的：认识同伴交往的特点、类型影响因素以及交往中面对的主要问题，学会处理同学、同伴之间的关系。

活动步骤与要求：将同学分组，每 8 人分为一组，设小组长一名，体验活动在组内进行。可以轮流扮演患者和心理医生。

体验活动结果展示

各小组长，将本组个人开出并提交的处方资料收齐，并就总体情况做出总结，在全班面前展示，供同学查验，要求有活动过程的介绍、活动后的新的认识。

任务评价

1. 小组活动评价标准

组长负责分配不同的组员去完成任务，组员要开出处方并运用知识说明理由，组长汇总要有具体的情景描述。组长负责组内分数评定：完成任务，得 30 分；如果有漏错等情况，分别给予扣减相应的分值。

（1）态度：服从组长分配，用心完成任务，根据所学知识发现自己的模糊认知，并找到自己问题的症结所在，与小组成员进行讨论，大胆阐明自己的对策和努力方向。

（2）互助与合作：帮助组内其他成员解决问题，与小组成员一起分享观点，分担任务和责任。

（3）倾听：认真倾听他人的观点，并能针对其他成员的交流提出自己的观点与见解。

（4）展示与效果：代表小组发言，能全面、准确地汇报小组共同学习成果。

小组成员评价意见如表 3-3 所示。

表 3-3　小组成员评价表

______小组名称　　　　　　　　　　　　　　组长：______

小组成员	态度 5 分	互助与合作 10 分	倾听 10 分	展示与效果 5 分

2. 教师评价标准

教师负责评价每组的任务完成情况，量化评价标准，对工作结果进行评价。总分值最高为 70 分。教师对小组进行评价的标准如表 3-4 所示。

表 3-4　小组学习评价指标

序号	评价指标	分值
1	能在规定时间内小组合作完成活动任务，顺利展示。观点正确，正确运用知识，发现问题恰当，有解决对策，表述逻辑性强	60~70
2	能在规定时间内完成体验任务，能做展示。有自己的观点，表述清楚	50~59
3	获得老师或其他组的帮助能完成工作任务，有展示	40~49

3. 教师点评

教师进行点评时，汇总小组内评价，教师对小组评价后进行总结点评，每个学生最后得分为所在小组分值加上成员评价分值。

学习任务3　建立良好的师生关系

师生关系是学校教育过程中最基本的人际关系。师生关系无时无刻不在影响着教育的过程和结果、感情的接近、心灵的共鸣、知识的启发、能力的培养。师生之间只有建立融洽和谐的关系，才能取得最佳的教育效果。

多数同学都有这样的体会：与哪个老师关系比较融洽，喜欢上哪门课，哪门成绩就好；如果与哪个老师关系不和谐也会殃及那门课，这大概也是爱屋及乌的反映吧。

现代社会中没有人有耐心发现你，除非你表现自己。

——卡耐基

心灵故事

某中职学校幼师专业学生张桂荣，平时不爱说话，朋友很少，学习成绩中等，自尊心很强，对老师的批评极度反感，师生关系紧张。针对张桂荣同学的表现，班主任老师工作中十分注意保护她的自尊心，使她感到老师是信任、爱护她的。为了锻炼她，给她创造与同学接触的机会，让她担任课代表的工作，使她的长处得到进一步的发挥。经过一段时间的锻炼，张桂荣同学的师生关系和同学关系都有了很大的改善。

心理问题分析：

师生之间的互爱才是最理想、最和谐的师生关系。学生都有很强的自尊心，需要得到他人尊重。当学生犯了进步或成绩时，心里总是希望老师给予表扬；当学生犯了错误时，一般害怕老师批评，特别是不希望老师在同学们面前批评；再者师生之间能够相互尊重信任，并且能够设身处地地为对方去想就能够拉近相互之间的距离，建立和谐的关系。

知识导航

怎样建立良好的师生关系呢？

学生的大部分时间在学校里，就免不了和老师交往，与老师关系融洽既可以促进学习，又可以学到很多做人的道理，会使自己一生受益无穷。对青少年学生来说，该怎样建立良好的师生关系呢？

（1）尊重老师。尊重老师的劳动，是师生和谐相处的基本前提。老师想把所有知识无私地、毫无保留地教给学生。如果说他们希望得到什么回报的话，就是希望看到学生成才、成熟，在知识的高峰上越攀越远。学生要尊敬老师，见到老师礼貌地打声招呼。有句话说：师徒如父子。作为学生必须做到上课认真听讲，不破坏纪律，把老师布置的作业保质保量地完成。有些同学作业写得马虎、潦草，单是让老师辨认字迹都要花费很多功夫，给老师增添了很多额外的工作量。

尊重老师，不当面和老师顶撞。如果老师有不对的地方，私下和老师进行沟通。把老师当作朋友，不要带着对以往事件的偏见，不要当面顶撞老师，尤其在其他同学面前或者上课的时候。当老师误会你时，首先要平静地接受，过后找到老师解释。

（2）勤学好问。做学生时，经常会认为“那个老师并不怎么样”“他的水平太低了”。等长大以后就会知道这种看法和想法是多么天真。老师的年龄、学问、阅历在某门课上的水平肯定是高于学生的，所以，要向老师虚心求教。勤学好问不仅直接使学习受益，还会增多、加深和老师的交流，无形中就缩短了与老师的距离，每个老师都喜欢肯动脑筋的学生。其实，向老师请教问题往往是师生间交往的第一步。除班主任外，任课老师并没有多少时间和学生直接交往，常向老师请教学习上的问题会加深师生彼此的了解和感情。

（3）正确对待老师的过失。心理学的研究发现，人们会对没有缺点的人敬而远之。其实，根本不可能存在没有缺点的人。老师不是完美的，如果他有的观点不正确，或误解了某个同学，甚至有的架子比较大，或是太严厉，这都是可能的。发现老师的不足要持理解态度，向老师提意见，语气要委婉，时机要适当。如果老师冤枉了你，当面和老师顶起来吗？不行，这样不但无助于问题的解决，还会恶化师生的关系。暂且忍一忍，等大家都心平气和再说。不管怎么说，老师是长者，作学生的应该把他们置于长者的位置，照顾老师的自尊心和面子。

（4）犯了错误要勇于承认。有的同学明知自己错了，受到批评，即使心里服气，嘴上也死不认错，与老师搞得很僵。有的人则相反，受过老师一次批评，心里就特别怕那个老师，认为他是对自己有成见。这都是没必要的。错了就是错了，主动向老师承认，改正就是好学生。老师不会因为谁有一次没有完成作业，有一次违反了纪律就认为他是坏学生，就对他有成见。相信老师是会全面、客观地评价学生的。

（5）主动沟通。化解与老师的误解、矛盾，增进与老师的感情，一切从主动沟通开始。沟通产生理解，理解产生信任。掌握与老师沟通的方法，从老师的角度看问题，正确对待老师的表扬和批评，原谅老师的错误。掌握与老师交往的礼仪，礼貌待师，注意场合，勿失分寸。课余时间或是节假日，有选择地对老师做访问和问候，以增进师生之间的感情。在感情建立之后，任何私事或公事都可以谈了。但要注意，每次谈话都要认真倾听，不要抢话，不明白的问题可以展开讨论，提出自己独到的见解。当然在老师有空暇的情况下，根据老师的爱好，共同参与一些体育活动、科研活动或者去郊游、参观展览等。到这时，师生之间不仅仅是师生关系，必然发展为朋友关系。

故事阅读

瞎子点灯

有位盲人夜间出门，提着一盏明晃晃的灯笼，行人迷惑不解，忍不住询问道：“大哥，你眼睛不好使，还提着这个灯笼有用吗?”“有用，怎么会没用呢?”盲人认真地回答。这时周围聚来些好奇的人都觉得盲人会很尴尬，没想到，这位盲人的回答令人振聋发聩，“正因为我看不见你们，我才需要这盏灯笼给你们这些明眼人以提示，免得你们在黑暗中看不见我这个盲人，把我撞倒了。”听者心中豁然开朗，都被这位盲人的聪明所折服。

心理体验活动

活动目的：认识处理好师生关系的重要性，尊重老师，主动和老师处好关系。

活动步骤与要求：将同学分组，每 8 人分为一组，设小组长一名，体验活动在组内进行。可以轮流扮演患者和心理医生。本次活动涉及三个案例，分别按要求进行体验活动。

做一回心理医生

一、案例情景

一天上午第三节课临近下课之时，英语王老师踹开了班主任办公室的门，生气地把英语书摔到班主任的办公桌上说：“你们班的英语课，我以后是没法再上了，尤其是那个李某峰，上课看课外书，我批评他几句，他竟然站起来和我拍桌子，气得我差一点就要和他挥拳头了。”李某峰同学性格急躁、叛逆，听不得老师对他的任何批评或劝说。他的其他科成绩还算不错，就是英语和物理成绩比较差。上次他在物理课上睡觉，老师批评了他几句，他就顶撞老师，发生了小冲突。才过去两周，他又和英语老师杠上了。平时对其他科目的每一个任课老师都怀有一种敌视的态度，无论老师说什么话，他都感觉是和他过不去。

要求：(1) 针对李某峰同学的表现，分析其性格特点，提出治疗方案。

(2) 你身边有这样的和老师搞不好关系的同学吗?

二、侮辱老师 4 分多钟案例

案例情景：“年近 70 的老师仍在持续讲课，一个戴着耳钉的男学生(以下简称“耳钉男”)走上讲台，伸手打算摘下老师的帽子。”一天凌晨，这段视频出现在了猫扑等诸多网站中，半天之内，U-UME、YOUTUBE 等视频网站均进行了转载。留言者写明，该段视频转自一名就读于海淀艺术职业学校学生的 QQ 空间。

1. 侮辱老师 4 分多钟

在 4 分多钟的视频里，坐在教室一侧第一排的戴着耳钉的男孩先对着镜头，“这就是地理课”，画面中的一个声音说。随后“耳钉男”走上讲台，伸手要摘掉老师的帽子。老师像有所防备，迅速将帽子放在了衣兜里，“耳钉男”则回到了座位上。此过程中，老师讲课的话语没有停止。学生们不停地尖叫和骂着脏话。另一名坐在教室最后一排的学生拾起一个塑料瓶向老师掷去。

视频中除了老师劝阻的声音外，还有学生们的笑骂声，在视频中，教室里约有 30 个左右的学生。

在猫扑网站上，不到两天时间回帖数已达到了 1700 多个。“即使你不尊重知识，不尊重老师，至少也要尊重你自己。”猫扑的很多发帖者表明了自己的态度。

冷静的网友更多地表现了对当今职高教育的担忧，“很多职高的学习气氛很不好。这样下去社会如何接纳这个人群？”

记者对话被辱老师孙辛卯：我能原谅他们。

下午 4 点左右，在视频中被辱的老师走出了学校。他手拿黑色帽子，头发不足寸长，已经花白。上身穿着一件白色的确良衬衫，胸前挂着一根月票绳。

记者：您怎么看待学生们的行为？

孙老师：学生有点过火，但不能说学生太坏。

记者：您在这所学校以前遇到过类似的情况吗？

孙老师：这种情况没有过，就是这一节课的情况。

记者：您的教龄有多长？

孙老师：我已经快 70 岁了，教了 40 多年书。2003 年我来这个学校，带着历史、地理、政治三个科目。

记者：学校曾经表示过不愿意您向外透露这件事情吗？

孙老师：学校从没有给我压力。我作为老师，我没有把学生教育好。

记者：您当时听见学生的骂声了吗？

孙老师：我没听见学生骂我。

记者：您当时生气吗？

孙老师：愤慨，我只是让他们坐那上课。他们认为我脑袋上有疤，所以用瓶盖弹我。

记者：学生在事后给您道歉了吗？

孙老师：学校已经处理了这两个学生。学生下课后就跟我道歉。

记者：他们怎么说的？

孙老师：老师，我们这样做不对。

记者：您觉得他们态度诚恳吗？

孙老师：还是诚恳的，学生毕竟是学生。

记者：您能原谅他们吗？

孙老师：能原谅他们。追究什么啊，学生就是学生，咱们子女犯了错误还不能饶恕吗？

记者：您觉得他们的错误很严重吗？

孙老师：他们还没到那么严重的一步，还没有触犯法律。

记者：在拍摄前，您知道他们要干什么吗？

孙老师：我事先不知道。

记者们尾随着老师走出约 500 米远。采访结束时，一个记者大喊“您是个值得尊敬的老师。”

2. 专家分析：教师应掌握当前青少年心理特点

针对近期出现的几起师生矛盾激化事件，北京市青少年法律与心理咨询服务中心专家于华认为，造成目前师生关系相对紧张的原因有很多，但其中最主要的还是无法实现因材施教的教学模式。

（1）老师应该放弃“陈词”：

“现在的老师也总是爱对学生说‘笨鸟先飞’。”于华举例表示，如果学生按照老师的要求去做，则首先要承认自己是“笨鸟”。他认为，青少年学生的成长应是伴随着信任和鼓励的。而如果老师一如既往地以挖苦、讽刺的话语“激励”学生，也会在一定程度上形成反效果。

因此，他认为在师生关系中教师更应该先掌握当代青少年心理特点和变化的新情况。

（2）社会对学生要求越来越高：

于华认为，和之前生活在相对单纯社会的学生相比，现在的学生要面临的诱惑在增加，而社会对学生的要求也在增加。

“网络的发展是必然的，但也给学生带来很大诱惑，例如网络游戏。”于华表示，目前社会只是一味提高对学生拒绝诱惑能力的要求，但并没有更好的办法告诉他们，如何拒绝这种诱惑。

因此，专家表示造成一系列师生暴力事件的背后，是社会和教育对学生的过高、过多要求和不适合的教学方式。

（3）如何缓解教学矛盾：

于华表示，每个学生在成长过程中都有属于自己的性格和爱好，而教学应是最大限度地激发学生个性潜能。但我国现行的教育制度依然是大众化和同质化的，不能实现因材施教。目前学校对学生的个性要求比较死板，应试化的教学也使学生间只能有分数一个评价标准。专家表示，虽然目前正在倡导素质教育和综合评价标准，但在最终考试制度和用工制度上，分数和学历依然是评价指标。只有从根本上改变现行教育理念和社会对学历的看法，才能有效缓解教学矛盾。

要求：请你根据所学心理知识，对案例中涉及的人员进行心理分析，并给出初步的治疗方案。

三、老师被学生侮辱气死的案例

轰动一时的北京某艺术职业学校“视频辱师事件”刚刚平息不久，重庆市某区职业教育中心发生类似辱师事件：39 岁的女语文教师何小容在课堂上制止几名男生打牌时，遭一名男生恶毒辱骂。何气愤难当，在结束两节任课后，疑突发心肌梗塞猝死在学校。

在急救中心，记者发现何老师的遗体还停放在狭窄的太平间，遗体旁竖立着一幅遗像，遗像上的女子齐肩长发容貌端庄，年纪不过 30 多岁。

亲属们介绍，何老师今年 39 岁，何 10 多年前调入职业教育中心，教授语文，还差两个月，她从教就有 20 年。平时，何为人非常友善，教学认真负责，身体一直很好，从未有重大疾病。而听说何在 6 月 9 日上午突然去世的消息，亲戚们全部无人相信。

亲属们异常愤慨地表示，何去世有两天，没有一名学校的老师和学生前来悼念。据说是学校的规定，只能打电话慰问，目的是防止学校的老师和学生乱说。

记者来到事发地——位于该校教学楼底楼的某班教室。因为是周末，里面只有一男一女两名学生坐在一起看电视，课桌上还有一支香烟。男生告诉记者，与何老师发生争吵的是同学F，但因为事发时他在睡觉，没有看到过程。

经多方周折，记者找到一名该校知情老师。该老师讲述了大致事发经过：6月9日上午8：15，何老师给该校高二年级上语文课。上课中途，何发现后面几排有两名男生在打牌，何当即予以制止，结果其中一名18岁男生不听劝，反而当场大声辱骂何老师，语言不堪入耳。下课后，何将辱骂自己的男生带到学校德育处，要求学校处理。德育处老师表示无法处罚学生，但学生愿意道歉，何深感失望并拒绝接受道歉。正说着，何老师突然就脸色发紫，身体向地上软去。老师们立即喊来校医，并让校门旁顺江社区医生也参与急救，同时拨打120，但人依旧没有抢救过来。

参与抢救的顺江社区卫生服务站职业医师李忠荣说，根据自己18年的从医经验，何老师可能死于急性心肌梗塞。

第二天，记者在急救中心遇见职业教育中心校长。校长称，目前区教委等部门已介入，下午会召集各方开会协商解决。

涪陵区职业教育中心一名不愿具名的教师称，一些学生胆子很大，不尊重老师，该校多次发生学生殴打老师事件，她呼吁应保障老师的合法权利。（综合《重庆晚报》《重庆晨报》消息）

要求：请结合上述案例资料，从心理角度分析案例所涉及学生的问题，提出治疗建议。

体验活动结果展示

各小组长将本组个人开出并提交的处方资料收齐，并就总体情况做出总结，在全班面前展示，供同学查验，要求有活动过程的介绍、活动后的新的认识。

任务评价

1. 小组活动评价标准

组长负责分配不同的组员去完成任务，每个成员在提出口头解释外要提供书面处方，组长汇总，要有具体的情景描述。组长负责组内分数评定：完成任务，得30分；如果有漏错等情况，分别给予扣减相应的分值。

（1）态度：服从组长分配，用心完成任务，根据所学知识发现自己的模糊认知，并找到自己问题的症结所在，与小组成员进行讨论，大胆阐明自己的对策和努力方向。

（2）互助与合作：帮助组内其他成员解决问题，与小组成员一起分享观点，分担任务和责任。

（3）倾听：认真倾听他人的观点，并能针对其他成员的交流提出自己的观点与见解。

（4）展示与效果：代表小组发言，能全面、准确地汇报小组共同学习成果。

小组成员评价意见如表3-5所示。

表 3-5　小组成员评价表

______小组名称　　　　　　　　　　　　　　　　　　　　　　组长：______

小组成员	态度 5 分	互助与合作 10 分	倾听 5 分	展示与效果 10 分

2. 教师评价标准

教师负责评价每组的任务完成情况，量化评价标准，对工作结果进行评价。总分值最高为 70 分。教师对小组进行评价的标准如表 3-6 所示。

表 3-6　小组学习评价指标

序号	评价指标	分值
1	能在规定时间内小组合作完成活动任务，顺利展示。观点正确，正确运用知识，发现问题恰当，有解决对策，表述逻辑性强	60~70
2	能在规定时间内完成体验任务，能做展示。有自己的观点，表述清楚	50~59
3	获得老师或其他组的帮助能完成工作任务，有展示	40~49

3. 教师点评

教师进行点评时，汇总小组内评价，教师对小组评价后进行总结点评，每个学生最后得分为所在小组分值加上成员评价分值。

学习任务4　抵制校园暴力　拒绝不良诱惑

青少年学生正处在人生的花季，充满好奇，而所生活的大千世界，五光十色，无奇不有，美丽而宁静的校园也隐藏着一些不安全的因素，校园暴力、不良诱惑影响着青少年学生的健康成长。让我们共同努力，构建和谐美丽的校园。

> 胜人者有力，自胜者强。
>
> ——老子

心灵故事

尚晓宁今年上职高一年级，聪明伶俐，品学兼优，曾荣获青岛市中小学生计算机网络知识竞赛一等奖。自从在网吧迷上网络游戏后，每天一放学，他就往网吧里钻，双休日则更是无所顾忌，全天泡在网吧，有时还和同学们在网吧里“包夜”，十分痴迷。学习时，黑板上的字、课本上的练习，在他的眼里全变成了电子游戏里的五颜六色的方块和跳棋子，在他的眼前晃来晃去，赶也赶不走。后来，为玩电子游戏，他经常逃学，还向同学借钱买卡……

心理问题分析：

其实，我们生活中会面临很多吸引我们的东西，其中有有益的诱惑也有无益的诱惑。

在享受方面：我们可能面临着对吃、穿、住、行、用的过分追求，总是想吃得更好一些，穿得更好一些，住得更好一些，行得更好一些，用得更好一些。这是很正常的，但是，如果我们对吃的、穿的、住的、行的、用的追求过分甚至是贪得无厌，这必然会使我们把自己的大量时间和精力用于对“钱财”的追求，甚至为了“钱财”而不择手段，走向违法犯罪的深渊，偏离正常的人生轨道。

在学习方面：可能面临着贪图玩耍娱乐的诱惑，因为学习本身是一种非常艰苦的劳动，再加上很多同学都对学习的重要性和意义认识不够，对学习不感兴趣，总觉得学习是一件又苦又累的事情。常常一提到学习就感到头痛，课堂上不专心听讲，课后不认真完成作业，不好好地复习功课，结果自己的学习成绩也很不理想。

在交往方面：当人的饮食温饱等生理需求解决之后，人类最难以忍受的大概就是孤独了。尤其是青少年，在心理上特别渴望被人接纳，希望有归属感、有朋友。因此，在与他人交往的过程中，强烈的渴望与伙伴亲近和盲目的从众心理常常会促使他们跟着“群体”参加毫无意义甚至对身心健康有害的各种活动，如吸烟、赌博、浏览不健康的书刊和网页或者玩电子游戏等多是这样开始学会的。

在生活中，有很多美好的诱惑，激励我们去追寻，比如，打篮球、下棋、助人等，但是，在我们的生活中，更多的是干扰我们成功、影响我们幸福生活、甚至严重危害我们身心健康的诱惑。那些不良诱惑有时就像“吸血蝙蝠”，让你舒舒服服地上当，在不知不觉中成为它的俘虏。因此，人们特别是青少年必须学会分辨并自觉抵制社会生活中的种种不良诱惑，才会有健康幸福的生活、学习和工作。否则，将会为之付出惨痛而沉重的代价。

知识导航

一、抵制校园暴力

1. 校园暴力的概念

（1）校园暴力是指在学校开展正常管理、教育期间，在校园内部及其周边地区，在师生之间、学生之间以及非学校人员与学校师生之间所产生的暴力行为，它属于社会暴力的一种。

校园暴力包括实施身体或精神上的侵害行为，往往由于教师与学生之间关系与利益的约束而出现一定程度的隐蔽性。学校暴力的侵害行为包括了实际攻击、伤害、虐待、猥亵等直接实施暴力或在精神上造成威胁的事件。

（2）校园暴力主要有三类：行为暴力、语言暴力、心理暴力。

行为暴力主要指包括打架斗殴、敲诈勒索、抢劫财物等一系列对人身及精神达到某种严重程度的侵害行为。行为暴力的形式主要有五种：一是索要钱物，不给就拳脚相加，威逼利诱；二是以大欺小，以众欺寡；三是为了一点小事大打出手；四是同学间因“义气”之争，以暴力手段争长论短；五是不堪长期受辱，以暴制暴。

语言暴力主要指通过语言对精神达到某种严重程度的侵害行为，包括起侮辱性外号、造谣污蔑等行为。

心理暴力主要指通过言语、行为或其他方式对精神达到某种严重程度的侵害行为。如恐吓、侮辱、排斥、歧视、孤立等行为都是心理暴力行为。

2. 预防自己对他人的暴力行为

（1）不崇拜暴力文化，要形成正确的价值观。

（2）不参与校园暴力。树立正确的是非观念，坚决不充当校园暴力行为中的帮凶。

（3）注重心理的健康发展。要保持乐观的心态，主动与他人沟通，解决各种困难和问题。

（4）加强自身的法律意识和法制观念。要学法、懂法、守法。既要以法律来规范自己的行为，也要以法律来保护自身的合法权益。

3. 如何应对校园暴力

（1）安全第一，预防为主。

① 与同学友好相处。有的同学遇到矛盾时，不愿意吃亏，认为忍让就是没了面子失了尊严，最终只能使得矛盾不断升级，不断激化。应该宽宏豁达，不应为一丁点儿小事僵持不下，斤斤计较，甚至拳脚相加，做出降低人格的事情。

② 避免自己成为施暴者的目标。平时不要随身携带太多的钱和手机等贵重物品，不要公开显露自己的财物。学校僻静的角落、厕所或楼道拐角都是校园暴力的多发地带，在这些地方活动时尤其要注意，最好结伴而行。

③ 养成善于观察的好习惯。多留意身边发生的事，很多暴力事件的信息可以从校园同学间的交流中得到。为了保障自身的人身安全，避免施暴人对我们打击报复，可以通过短信、书信的形式向学校领导、老师匿名报告。

④ 提高自我保护意识。如遇事不要忍气吞声，要及时告诉家长或者老师；受到暴力侵害时，立即采取灵活的应急措施，不刺激对方，以减少被侵害程度，事后立即报案。

⑤ 提高社会交往能力。如交友要谨慎，少与行为不端的人联系，不要上网交友，更不要网恋或私自会见网友；出外办事不单独行动，要与同学结伴而行，以免发生意外。

⑥ 养成谨言慎行习惯。在学校日常生活中，不要说刺激、伤害别人的话；在公共场合遇到可疑者时，设法避开；化妆、服饰要得体，不要过分暴露；不要贪图小便宜，不要对陌生人交付现金以及物品；与他人发生矛盾或冲突时，尽量用和缓的语言和手段加以处理等。

(2) 应对暴力，临危不乱。

① 遭受语言暴力时的自救。淡然处之，自我反省，无畏回应，肯定自己，调整心理，法律维权。

② 遭受行为暴力时的自救。找机会逃跑，大声呼救，借助一些小动作给自己寻找逃跑的机会，求饶。如果以上退路被攻击者截断，那么应双手抱头，尽力保护头部，尤其是太阳穴和后脑。在人身和财产双重危险时，应以人身安全为重，舍财保命，以免受到更激烈的伤害。

③ 遭受心理暴力时的自救。对于心理施暴，还是要从自我心理调整入手。如果在学校遇到了排斥、歧视、孤立等心理暴力行为，应该自己积极、主动地去与别人沟通，弄清楚原因。如果自己无法解决，可以向老师求助。

④ 及时报告，以法维权。由于校园暴力事件的随机性，许多同学对其产生了恐惧和焦虑。一些同学不敢把事情告诉家长和老师，更不敢报警，甚至警方破案后也不敢出面作证，成为“沉默的羔羊”。忍气吞声往往会导致新的暴力事件的发生。自己或发现他人遭遇紧急情况时，一定要在第一时间向家长、老师或警察求助，采取最有效的救助措施。

二、抵制不良诱惑

在现实生活中，青少年学生身边不良诱惑有：网络游戏、吸烟、赌博、色情、出入各种娱乐场所、邪教等。置身其中，就像是面对许许多多的十字路口，许许多多的选择，如果缺乏足够的自制力，稍不注意，就会被现实中的种种不良诱惑所左右，偏离正常的人生轨道，造成遗憾。

1. 沉迷于不良诱惑的青少年学生的心理特征

(1) 对于社会中所谓的“时髦”的事物以及很刺激的事情具有强烈的好奇心，但同时又无知。比如说，黄色网站、黄色与暴力书籍，现在还有很多就是手机里的黄色视频、黄色信息等。不少同学接触过，甚至是传播过。有些同学有可能是借助于这些方式，学习性知识，满足自己的好奇心。不过，这样做很容易对他们的健康成长造成阻碍。黄、赌、毒，一旦触碰，欲罢不能。

（2）渴望与他人建立伙伴关系，但是没有更多的沟通方法，为了交往，烟酒铺路。有的同学错误地认为，为了办事顺利，联络感情，应以烟酒开路。还有的同学受到社会上一些观念的误导，认为“烟可以使人产生亲近感，减少陌生，提高办事效率。”把烟酒作为人际交往的黏合剂。其实，如果一个人注重自身修养，懂得在群体中顾全大局，懂得尊重他人，以为他人服务为快乐，他会发现，到哪里都会交上朋友。只要自己是正向、积极、乐观的，到处都有友情。但如果一个人本身很消沉、很负面、很情绪化，自己的事情搞得一团糟，那他就必然不会轻易得到他人的欣赏。这时候，如果这个同学不懂得清醒地认识并改进自己，同时又不能忍受孤独带给自己的压力，就会为了寻求同伴而失去做事情的准则，失去判断力，盲目从众，沾染上吸烟、喝酒、去网吧等恶习。

（3）渴望被人高看一眼，虚荣、夸耀、攀比心重，追求不良时尚。一些同学认为吸烟时髦、潇洒，盲目追求、模仿。有的女生说：“男生抽烟的姿势好看，给人一种成熟洒脱的感觉。”不少男生在这种心理暗示、鼓励下，为赢得女生好感，顾不得“抽坏身体抽臭嘴”。还有一些同学为了不被同学看轻，借着高档烟摆阔气、讲排场，抬高自己的身价。还有一些同学，可能是家庭经济状况比较宽裕，会出入一些 KTV、酒吧等娱乐场所，并且在同学中炫耀，认为自己社会化、成熟，感觉自己是“新人类”。但是，我们想过没有，青少年学生最美好、最成熟的形象，应该是有积极向上的人生态度，有自己的人生目标，并且愿意为自己的目标而艰苦奋斗，是有清晰的对真伪、美丑、精华、糟粕的分辨能力，是面对挫折不气馁、不放弃的韧性，而不是这种追求高消费、追求娱乐的扭曲的时尚观。事实也表明，那些经常出入娱乐场所的青少年学生，往往缺乏目标，遇到挫折比较情绪化，他们对待生活的态度不积极，对待困难不是勇敢地面对，而是变得消沉退缩，觉得自己没有什么价值。但是，他们可能并不知道，麻醉自己，或者沉迷于色情，从而逃避所有的孤单与失败，会让一个人失去对抗的意志力，并且会让人面对现实生活更加无能为力，对自己坚强面对困难完全没有希望。

（4）性格因素。青少年学生正处于叛逆期，喜欢冒险，他们一方面缺乏自制力，一方面自我意识又很强。他们痛苦于自我形象的低落，内心充满反抗。有时候他们对家长、老师的训斥不敢当面顶撞，但是心理抵触、情绪委屈无处发泄，便用吸烟来作为一种抗拒手段。另外，青少年学生沉迷于各种不良诱惑，还和现在的社会大环境有关。现在，我们生活在一个多元化的社会，媒体的信息过于开放，不考虑青少年的身心健康发展，使得同学们获得一些不良信息很方便。并且，由于经济利益的驱使，这些不良信息又往往都穿着极其吸引人的美丽外衣，这对于青少年学生往往是难以抗拒的诱惑。但是，我们也必须清醒地认识到，每个人都应该为自己的发展负责，每个人都应该做自己的主人。清者自清，我们自己阳光、向上，就一定能够抵制各种外界环境的不良影响，为自己走出一个光明、幸福的前程。

2. 抵制不良诱惑的方法

要拒绝和战胜不良诱惑需要有勇气和信心。应该相信，经过自己的努力，是完全可以拒绝和战胜不良诱惑的。要拒绝和战胜不良诱惑首先要培养拒绝的意识，克制约束自己，提高判断的能力，锻炼坚强意志。

(1) 后果联想抵制诱惑。为了坚定自己拒绝和抵制不良诱惑的决心，可以联想自己能够拒绝不良诱惑的美好前景和未来，还可以联想不能拒绝不良诱惑的不良后果。如联想自己能够拒绝电子游戏机、黄色书刊、暴力、诡异小说等不良诱惑，通过自己的努力，毕业后一定能够从事自己感兴趣的工作，幸福、愉快地生活；还可以联想到，如果不能拒绝电子游戏机、黄色书刊等不良诱惑，辜负了老师和家长的期望，那一定会使得自己的人格发展变得扭曲，面对现实生活更加没有意志力，最终断送自己美好的前途。

(2) 请求他人帮助。单靠自己的力量有时很难战胜对自己具有强烈吸引力的诱惑，在这种情况下，可以请求别人(如父母、老师、同学和朋友)帮助和监督自己战胜对自己具有强烈吸引力的诱惑，从而坚定自己拒绝和抵制不良诱惑的决心，增强自己拒绝和抵制不良诱惑的毅力。

(3) 避开诱因，转移视线。最好把引起诱惑的实物隐藏起来，眼不见心不动，或者参加积极健康的班集体活动，或者多与同学交流谈心，避开诱因，转移视线。这种方法适用于接触诱因的起始阶段。

(4) 婉言谢绝朋友，提高自制能力。当不良诱惑来自朋友方面(如做作业时面临着想玩游戏，身边的同学赌博时要拉自己入伙或者从事其他自己比较感兴趣的活动)，可以依靠自己的自制力、智慧和一定的技巧来回绝朋友的邀请，避免他们的不理解和嘲弄。

(5) 专时专用，改正不良习惯。为了防止做某种自己着迷的事情而超时，严格分配自己的时间，以不同的方式提醒自己，什么时间就该做什么事情。比如，这是学习时间，应该认真学习；这是锻炼时间，应该进行体育锻炼；这是娱乐时间，可以适当开展一些自己感兴趣的活动，调节自己的身心；这是休息时间，应该好好地休息，改掉因为对某件事情着迷而误时的坏习惯。

当然，最重要的，还是一个人要为自己的健康成长负起责任，要为自己的未来发展一步步扎扎实实地去充实自己，树立积极的人生观和价值观。

总之，不良诱惑犹如病毒，要拒绝和抵制不良诱惑，需要结合自己的实际，充分发挥自己的聪明才智，用科学的态度、清醒的头脑和正确的方法，摆脱它们的干扰，避免其对自己的危害。

心理体验活动

试做心理医生

活动目的：提高明辨是非的能力，认识不良诱惑的危害，提高自觉抵制不良诱惑的能力，自觉抵制校园暴力。

活动步骤与要求：将同学分组，每 8 人分为一组，设小组长一名，体验活动在组内进行。组员利用所学习知识，以心理医生的身份按照要求开出处方，并说明理由。

案例背景

近些年来，随着社会的不断发展，原本安静、宁和的校园这块净土上，现在也接二连三地发生校园暴力事件，因此校园安全已成为人们非常关注的焦点问题。由于一些青少年学生的法制观念淡薄，自控能力差，是非不分，从而引发学生伤害事故频繁发生。

但最主要的原因在于，青少年在生理上和心理上都正处于发育阶段，他们的世界观、人生观尚未完全形成，很容易受社会不良风气的影响。因此，校园安全并不是哪一个学校领导或少数教师的管理能够简单完成的，必须要依靠学校、家庭和社会等多方面的力量。需要大家共同努力，为我们的学生创造良好的学习生活环境，给他们一个和谐、舒适、快乐的校园。下面用具体案例来分析学校、家庭和社会教育在制止校园暴力事件，防止学生伤害事故所起到的重要作用和影响。

案例介绍

某日，在某校的大门口外 50 米拐角处，高二某班詹某同学伙同本班 5 名同学对高一某班李某进行群殴，致使李某门牙脱落 2 颗，身体多处受伤住院。后经学校政教处调查，两位同学的矛盾源于当天中午在学校食堂打饭时李某同学插队，詹某同学上前制止，李某同学不听劝告，两人在食堂内发生了口角。詹某回到班上以后，将事情告诉班上的其他几位男生，大家商议之后，决定在下午放学的时候在校门口堵住李某同学，好好教训他一顿。因此导致詹某等五位学生群殴李某学生暴力事件的发生。事后学校邀请詹某、李某及另外 5 位参与打架的学生家长到校，经过协商最后达成一致意见：詹某应负主要责任，承担 50% 的医药费，其他五位学生负次要责任，共同承担 50% 的医药费。参与打架的学生经过学校和家长的教育，都表示承认错误，学校根据当事学生的责任大小和认错态度，给予相应的纪律处分。

要求：

1. 你所在的学校有类似的现象吗？
2. 从心理学角度进行分析并给出治疗的方案。
3. 假如你自己受邀参与打人或处于被打一方怎么办？分情况设计解决预案。

体验活动结果展示

各小组长将本组个人开出并提交的处方资料收齐，并就总体情况做出总结，在全班面前展示，供同学查验，要求有活动过程的介绍、活动后的新的认识。

任务评价

1. 小组活动评价标准

组长负责分配不同的组员去完成任务，每个成员完成每项活动的体验，每个环节都体验到，有具体的情景描述。组长负责组内分数评定：完成任务，得 30 分；如果有漏错等情况，分别给予扣减相应的分值。

（1）态度：服从组长分配，用心完成任务，根据所学知识找到自己问题的症结所在，与小组成员进行讨论，大胆阐明应采取的对策和理由。

（2）互助与合作：帮助组内其他成员解决问题，与小组成员一起分享观点，分担任务和责任。

（3）倾听：认真倾听他人的观点，并能针对其他成员的交流提出自己的观点与见解。

（4）展示与效果：代表小组发言，能全面、准确地汇报小组共同学习成果。

小组成员评价意见如表 3–7 所示。

表 3–7　小组成员评价表

________小组名称　　　　　　　　　　　　　　　　　　组长：________

小组成员	态度 10 分	互助与合作 5 分	倾听 5 分	展示与效果 10 分

2. 教师评价标准

教师负责评价每组的任务完成情况，量化评价标准，对工作结果进行评价。总分值最高为 70 分。教师对小组进行评价的标准如表 3–8 所示。

表 3–8　小组学习评价指标

序号	评价指标	分值
1	能在规定时间内小组合作完成活动任务，顺利展示。观点正确，正确运用知识，发现问题恰当，有解决对策，表述逻辑性强	60~70
2	能在规定时间内完成体验任务，能做展示。有自己的观点，表述清楚	50~59
3	获得老师或其他组的帮助能完成工作任务，有展示	40~49

3. 教师点评

教师进行点评时，汇总小组内评价，教师对小组评价后进行总结点评，每个学生最后得分为所在小组分值加上成员评价分值。

学习任务5　珍惜亲情　学会感恩

同学们，在我们成长的道路上，要感谢的人太多太多，因为他们让我们无忧无虑地在校园内学习生活，因为他们让我们无忧无虑地成长，常怀感恩之心的人是幸福的，常怀感恩之心的生活是最甜美的。同学们，让我们学会感恩，用感恩之心去生活吧。

> 蜜蜂从花中啜蜜，离开时营营地道谢。浮夸的蝴蝶却相信花是应该向他道谢的。
>
> ——泰戈尔

心灵故事

请吃一碗面

一天，佳芬跟妈妈吵架之后什么都没带，就只身往外跑。

可是，走了一段路，佳芬发现，她身上竟然一毛钱都没带！她走着走着肚子饿了，看到前面有个面摊，香喷喷的，好想吃！可是，她没钱。

过一会儿，面摊老板看到佳芬还站在那边，久久没离去，就问："小姐，请问你是不是要吃面？""可是……可是我忘了带钱"佳芬不好意思地回答。

面摊老板热心地说："没关系，我可以请你吃呀！来，我下碗馄饨面给你吃！"不久，老板端来面和一些小菜。

佳芬吃了几口，竟然掉下眼泪来。"小姐，你怎么了？"老板问。"没有啊，我只是很感激！"佳芬擦着泪水，对老板说道："我们又不熟悉，只不过在路上看到我，你就对我这么好，愿意煮面给我吃！可是……我自己的妈妈，我跟她吵架，她竟然把我赶出来，还叫我不要再回去！你是陌生人都能对我这么好，而我自己的妈妈，竟然对我这么绝情！"

老板听了，委婉地说道："小姐，你怎么会这样想呢！你想想看，我不过煮一碗面给你吃，你就这么感激我，那你自己的妈妈，煮了10多年的面和饭给你吃，你怎么不感激她呢？你怎么还可以跟她吵架？"

佳芬一听，整个人停住了！是呀，陌生人请吃一碗面，我都那么感激，而我妈一个人辛劳地养育我，也煮了10多年的面和饭给我吃，我怎么没有感激她呢？而且，只为了小小的事，就和妈妈大吵一架。

匆匆吃完面后，佳芬鼓起勇气，往家的方向走，她好想真心地对妈妈说："妈妈，对不起，我错了！"

当佳芬走到家巷口时，看到疲惫、焦虑的母亲，正在四处张望……看到佳芬时，妈妈就先开口说："阿芬呀，赶紧回家吧！我饭都已经煮好，你再不赶紧回去吃，菜都凉了！"此时，佳芬的眼泪夺眶而出……

心理问题分析：

有时候，我们很容易对别人给予的小惠感激不尽，却对父母、亲人一辈子的似海恩情熟视无睹，未曾感念过！

其实，我们一定也有不小心做错事的时候，爸爸妈妈的处罚，我们也应该接受，但是，要有智慧去接受处罚，我们都必须知道一件事"打在儿身，痛在娘心"。

所以，为了不让父母伤心、难过，我们应该好好地做个听话、少做错事的人，不要让父母有处罚的时候！

知识导航

一、珍惜亲情

1. 尊敬父母长辈

古语云："老吾老，以及人之老"。尊重长辈、孝敬长辈是中华民族的传统美德。古人云："百善孝为先"。孝的结构是"上老下子"，意思是强调血缘延续的重要性。每个人，不管你寿命多长，都只不过是人类生命长河中极其渺小的环节，今天的长辈是昨天的小辈，今天的小辈就是将来的长辈。小辈不孝敬长辈，你又怎么能指望当你成为长辈以后，你的小辈会孝顺你呢？这就是孝要传达的一个意思。

一个人能够孝顺，他就有一颗善良仁慈的心。不少公司在招聘人员时，把孝顺父母作为一项十分重要的内容加以考察。因为一个连自己父母都不孝顺的人，怎么可能尊重顾客、热爱公司、忠于老板、体贴下属呢？一个人如果失去了起码的孝顺仁慈之心，甚至连至亲都不赡养，就算他们取得多么大的成就，就算他们的地位再风光，那又有什么乐趣和意义呢！

父母把我们带到了这个世界上，父母给了我们道德教育，父母担负了养育我们的责任。那么我们应如何做呢？

主动问候：在家里早上要问好，晚上要问安，出门回家也要问候，过年过节也要问候祝福。

关心健康：当父母劳累生病时，应主动照顾并陪同就医，尽可能在精神上消除父母的痛苦和不安。

充分理解：俗话说，树老根多，人老话多。老人年纪大说话比较啰唆，我们应该充分理解这种生理现象，而不应该表示厌烦，不能粗暴地打断他们，更不能对他们的唠叨不理不睬。

分担忧虑：孝敬父母就应该严格要求自己，体谅父母的艰辛，尽可能少让父母为我们操心，而自己要为父母分忧解难，学习上要刻苦，让父母少为我们担忧；还要自己照顾好自己，有什么情况要及时向父母汇报。

参与家务：父母养育了我们，不但要上班，还要做家务，辛劳可想而知，家庭中的事情也是我们自己的事情，我们应该主动帮忙。

多多体谅：当我们的要求被父母否定或拒绝时，应该冷静，理解父母、体谅父母。受到父母惩罚时，态度要端正，不顶撞、不争辩，不赌气、不使性子。被父母错怪时，要心平气和地解释说明。

2. 学会积极主动沟通

（1）影响与父母沟通的原因。

① 心理因素。步入中职阶段后，开始用自己的眼光去看待周围的事物，不愿意原封不动地接受父母的意见和观点，对父母的批评和劝导往往有抵触情绪。

② 子女与父母在生活经历、家庭观念、思维方式和行为习惯等方面存在差异。这些差异，往往导致两代人在评价问题的标准、解决问题的方式等方面产生分歧，从而妨碍他们的沟通。

（2）学会与父母平等沟通。

① 理解父母。

② 尊重父母。

③ 把方法技巧与尊重理解结合起来。

要理解父母对子女的“唠叨”是疼爱子女的表现，只是有时候方式不恰当。要体谅父母为自己成长付出的艰辛，才能消除“逆反心理”，实现真正意义上的沟通。

尊重理解父母并不是说事事顺从父母，更不是无条件的盲从，而是柔无声、悦无色地与父母交流时，要有自己的主见。

二、学会感恩

感恩的定义是：乐于把得到好处的感激呈现出来且回馈他人。

1. 感恩的作用

感恩是一条基本的人生准则，是一种人生质量的体现，是一切生命的美好的基础。感恩能使我们感受到大自然的美妙、生活的美好，能使我们保持积极、健康、阳光的良好心态。

2. 感恩的态度和行为带来的变化

人生道路，曲折坎坷，不知有多少艰难险阻。在危难时刻，有人向你伸出温暖的双手，解除生活的困境；有人为你指点迷津，让你明确前进的方向；甚至有人用肩膀、身躯把你擎起来，让你攀上人生的高峰……

你最终战胜了苦难，那么，你能不心存感激吗？能不思回报吗？受人点滴，必当涌泉相报！

成长的规律：心改变，态度跟着改变；态度改变习惯就跟着改变；性格改变，人生就

跟着改变。

3. 培养感恩的品德和行为习惯

（1）珍惜。珍惜是因失去才能认识到的价值理念。珍惜应该是及时诠释，及时地做事，及时地爱人，及时地感恩，及时地生活，珍惜永远和幸福，和知足在一起，而远离后悔和贪婪。

（2）孝敬。孝敬父母、要从小事做起，要正确区分孝敬在不同场合的具体要求，并按这些要求去做。孝敬父母表现在方方面面。爱父母，心里想的父母，理解、关心父母；行动上帮助父母，为父母分忧；努力学习，积极上进，让父母高兴……这些都是孝敬父母的表现。亲情是一个人善心、爱心和良心的综合表现；孝敬父母、尊敬长辈，是做人的本分，是天经地义的美德，也是各种品德形成的前提，因而历来受到人们的称赞。试想，一个人如果连孝敬父母、报答养育之恩都做不到，谁还相信他是个“人”呢？又有谁愿意和他打交道呢？

（3）表达。生活中，你的成长离不开亲人、老师、朋友的关爱与帮助，而常怀感恩之心，又会促使你们的感情更进一步。对他人给予自己的帮助不能无知无觉，及时的感谢，不仅表达了你的感激之情，而且表现你对他人行为的肯定与尊重；感谢与尊重一样，是很好的习惯。愿意随时随地感谢别人的习惯，会迅速建立起良好的人际关系。言语上的感谢只是感谢的一部分，有时物质上的感谢，可以让对方有精神上的愉悦，会更有成就感。

（4）回报。报答，补偿其他人对自己的付出。在传说中，乌鸦反哺的故事是最让人感动的一个故事，乌鸦是一种通体漆黑、面貌丑陋的小鸟，因为人们觉得它不吉利而遭到人类普遍厌恶，正是这种遭人嫌恶、登不了大雅之堂、入不了水墨丹青的小鸟，却拥有一种真正的值得我们人类普遍称道的美德——养老、爱老，在养老、敬老方面堪称动物中的楷模。据说这种鸟在母亲的哺育下长大后，当母亲年老体衰，不能觅食或者双目失明飞不动的时候，它的子女就四处去寻找可口的食物，衔回来嘴对嘴地喂到母亲的口中，回报母亲的养育之恩，并且从不感到厌烦，一直到老乌鸦临终，再也吃不下东西为止。这就是人们常说的“乌鸦反哺”。

（5）宽容。宽容是快乐之本。宽容朋友，会得到友人的依赖，使友谊长青；宽容同事，能涵养和谐，营造成就事业的良好氛围；宽容亲人，能使幸福之花四季绽放。倘若我们没有看重宽容，没有去审视宽容的价值，心胸狭隘，睚眦必报，得理不让人，得势不容人，多半会四处碰壁，陷入无穷的烦恼之中。宽容是人生的最好修养。

（6）关爱。关指关心，爱指爱护。关爱是一个眼神，给人无声的祝福；关爱是一缕春风，给人身心的舒畅；关爱是一句问候，给人春天的温暖；关爱是一场春雨，给人心田的滋润；关爱是一个微笑，给人亲切的关怀；关爱是一湾清泉，给人心灵的洗涤；关爱之心是一种品德，也是一种境界，更是一种态度；关爱别人就是关爱自己，因为只有你关爱了别人，在你需要帮助的时候别人才会回报你。关爱别人其实就是在关爱我们自己，关爱别人是我们得到别人关爱的前提。关爱不是怜悯，更不是同情，而是快乐地以一己之力助他人成长，并让受助人也感到快乐，这才是关爱的本质。

心理体验活动

活动目的：体验亲情 学会感恩

活动步骤与要求：将同学分组，每8人分为一组，设小组长一名，体验活动在组内进行。根据组长的安排，可以轮流扮演小品中的角色，活动中的小测验有组长主持，根据内容要求分条进行。

活动一

内容提要：根据当前部分学生漠视父母的关爱，不懂回报的现状，展开活动，希望同学们能够更深刻地体会到父母的艰辛与不易，从而理解亲情，学会感恩。

活动过程：

1. 小测验。和父母对自己的了解做对比，学会去了解父母。比如，父母的生日，最喜欢的水果、颜色和味道，父母何时最开心、难过，父母希望你为他们做什么等。

2. 小品《种瓜得豆》

讲述一个女孩在父母的呵护下从小学上初中考上重点大学读研究生读博士，可当父亲病了母亲需要与女儿商量如何给父亲治病的时候，女儿说："我又不是医生，你跟我商量有什么用？"当母亲让女儿把沾满了父亲口水的湿毛巾拿到厨房清洗的时候，女儿极不情愿地用两个手指小心翼翼地像拈着什么秽物。

这个小品能让大家思考，如果你是文章中的女儿，你会怎么做呢？再深入地想想长这么大是否为父母倒过50杯水？

3. 小游戏(肚中装篮球捡书，头顶鸡蛋过障碍)让我们从游戏中感受到母亲十月怀胎的痛苦。

4. 说说自己知道的一些感动人的故事。

5. 填一首小诗《凡事感激》(感激伤害你的人，因为他磨炼了你的心志；感激绊倒你的人，因为他强化了你的双腿；感激欺骗你的人，因为他增进了你的智慧……)。

6. 说一些感恩的话，想想怎么回报父母。

7. 老师总结发言。

提示：记得有这样一句话"即使全世界的人都遗弃你，你的父母都会支持你"。对父母的认同和关爱是做人的基本素质。我们无法选择父母，但我们可以选择对待父母的方式。希望通过此次主题活动，同学们能更深刻地感受来自父母的爱，学会体谅父母，感谢父母。

活动二

主题：珍惜亲情

热身：听歌曲，老师播放歌曲。

演小品：小品《爱，无需识字》

时间：周末

地点：家里

人物：妈妈 女儿遥遥

剧情如下：

遥遥：妈妈！我来了！（拎着包）

妈妈：唷，女儿！回来了，哎又是一堆臭衣服吧！

遥遥：我的好妈妈呀，你就帮我洗洗吧。（遥遥进入自己的房间）

遥遥：哇，好漂亮啊！妈，你怎么帮我把房间收拾得像个宾馆似的。

妈妈：哎哟，你这傻丫头，我用了一个下午才把你的房间收拾干净。你都不知道你的房间有多乱。我给你做好吃的去了。

遥遥：等一下，妈！还有作业！

妈妈：你不会自己做吗，我去做饭了。

遥遥：不！妈妈，是你的作业！

妈妈：我的？

遥遥：班里开展有关亲子关系的问卷调查。

你和你的孩子每周谈话的时间：

A 一小时；B 半小时；C 其他

妈妈：你就写十五分钟吧，反正你又不喜欢我唠叨。

遥遥：哦，还有。你每天用多长时间辅导孩子的功课？

妈妈：哎，这就免了吧。你又不是不知你妈我不识字。哎，算了，你看着办吧。我出去啦。

遥遥：哗，多舒服啊！简直是面目全非……收拾房间……那我的演讲稿呢！（遥遥翻箱倒柜就是没看见。）

遥遥：妈！妈！（妈妈进来了）你看见我的演讲稿了吗？

妈妈：演讲稿？好……像……没有啊。

遥遥：糟了，完了，我们班开亲情主题班会，要我去演讲，现在找不到怎么办啊？（遥遥直跺脚）

妈妈：哎，这里吗？会不会被我丢进垃圾桶了？（妈妈翻翻垃圾箱，自言自语）好像在里面，这张？不是，这张？遥……遥，我虽不识字，但宝贝女儿的名字我还是认得出的。遥遥。（妈妈捡起纸片）

遥遥：妈妈就像……母爱伟大……是！就是！哎唷！你看亲情都成了这碎片了，还，还可以干什么呢？就是上周忘了拿，老师说这周一定要记得拿去，可现在好了，都成这样了……

妈妈：我拼拼看吧。

遥遥：拼拼看，都撕了，还怎么拼呀！（遥遥气急了，冲出房间……）

妈妈拾起碎片：这，这可怎么办？哎，都怪我，老了什么都不会！我，我真该死……怎么拼呢？这……

（妈妈艰难地拼凑，可是不识字的她怎么会拼呢？）好像是这样，不不不……咦，对了……

（遥遥看妈妈拼了很久，就走了进去……她看见年老的妈妈弯着腰在为她拼演讲稿，走

到妈妈身边，此刻无声胜有声，她终于明白妈妈对她那纯洁美好的爱，她愣在那里）

妈妈：遥遥，是妈不对，是妈妈不对起你！（妈妈把拼好的演讲稿还给遥遥，遥遥接过演讲稿，很感动）

遥遥：妈，你不是不识字吗？

妈妈：但后面有图片，我就照着拼了。（图片上画着一只袋鼠妈妈怀里揣着小袋鼠）

遥遥：妈妈，您这不是很辛苦吗？

妈妈：不，是妈撕的，应该的。（遥遥听了很感动，遥遥拥抱着妈妈）

遥遥：不！不！不！妈，是我不对！我不应该惹您不高兴。

妈妈：不会的，妈很高兴，你懂事了。

体验活动结果展示

各小组长将本组个人开出并提交的文字资料收齐，并就总体情况做出总结，在全班面前展示，供同学查验，要求有活动过程的介绍、活动后的新的认识。

任务评价

1. 小组活动评价标准

组长负责分配不同的组员去完成任务，每个成员完成每项活动的体验，每个环节都体验到，有具体的情景描述。组长负责组内分数评定：完成任务，得 30 分；如果有漏错等情况，分别给予扣减相应的分值。

（1）态度：服从组长分配，用心完成任务，根据所学知识发现自己的模糊认知，并找到自己问题的症结所在，与小组成员进行讨论，大胆阐明自己的对策和努力方向。

（2）互助与合作：帮助组内其他成员解决问题，与小组成员一起分享观点，分担任务和责任。

（3）倾听：认真倾听他人的观点，并能针对其他成员的交流提出自己的观点与见解。

（4）展示与效果：代表小组发言，能全面、准确地汇报小组共同学习成果。

小组成员评价意见如表 3-9 所示。

表 3-9　小组成员评价表

________小组名称　　　　　　　　　　　　　　　　　　　　组长：________

小组成员	态度 10 分	互助与合作 10 分	倾听 5 分	展示与效果 5 分

2. 教师评价标准

教师负责评价每组的任务完成情况，量化评价标准，对工作结果进行评价。总分值最高为 70 分。教师对小组进行评价的标准如表 3-10 所示。

表 3-10　小组学习评价指标

序号	评价指标	分值
1	能在规定时间内小组合作完成活动任务，顺利展示。观点正确，正确运用知识，发现问题恰当，有解决对策，有心得体会，表述逻辑性强	60~70
2	能在规定时间内完成体验任务，能做展示。有自己的观点，表述清楚	50~59
3	获得老师或其他组的帮助能完成工作任务，有展示	40~49

3. 教师点评

教师进行点评时，汇总小组内评价，教师对小组评价后进行总结点评，每个学生最后得分为所在小组分值加上成员评价分值。

项目四

学会学习　有效学习

▶**教学目标**

了解学习动机、兴趣和信心对学习的作用，激发学习兴趣和动机。掌握科学的学习方法，学会应对考试焦虑。正确认识学习中的压力和挫折，在实践中树立有效学习、终生学习的意识。

▶**教学要求**

认知：了解激发学习兴趣和动机的方法，理解学习概念的新内涵。

情感态度观念：培养学习信心和兴趣，体验学习过程中的积极感受，树立终生学习和在实践中学习的理念。

运用：掌握科学的学习方法和策略，提高学习能力，克服考试焦虑。

学习任务1　增强学习兴趣和信心

青少年学生厌学已成为一种较普遍的现象，厌学的表现形式较多，学习上消极应付，不求上进；上课不专心，心不在焉，身在课堂心在外，上课讲话、玩手机、听音乐，没心思听教师上课；下课热衷于上网聊天，打网络游戏，不用心读书学习，东游西逛，无所事事。青少年学生文化基础课学不进、听不懂，专业课也不愿学，实训操作不认真学、不愿做，袖手旁观，站在车间混时间。这些现象对于职业学校的发展、学生素质的提高造成一定的影响。

> 所有智力方面的工作都依赖于乐趣。
>
> ——瑞士著名教育家皮亚杰

心灵故事

焊痴秦毅

秦毅就读于上海沪东船厂技校焊接与装配专业，对焊接技术非常感兴趣，毕业后，就职于沪东中华造船集团有限公司。不管是酷暑严寒还是日晒雨淋，总是拿着一把焊枪勤学苦练。为了学好技术，他常常连续几个小时埋头练习，直到电焊烫的握不住才罢手。因秦毅吃饭时也会拿着筷子模仿焊条在空中比划，“焊痴”由此得名。

不断地钻研与追求，使秦毅在实际操作中提高了自己的焊接本领，并创立了一套独特创新的仰板焊接方法，在艰苦的船舶焊接领域创造出了属于自己的辉煌。2001年1月，秦毅凭借这一绝活，在上海船舶工业公司选拔赛上以第一名的成绩胜出，并在中国船舶工业集团公司焊接比赛中勇夺第一，将“中国船舶公司技术能手”美誉收入囊中。他在参加国家和地方各级焊接比赛中一路过关斩将，摘金夺银，成为沪东中华造船集团有限公司最年轻的焊接高级技师、专家型人才、“全国技术能手”，同时，他也是集团内获得由权威认证机构法国GTT公司颁发的殷瓦焊接G证的第一人。

心理问题分析：

秦毅热爱焊接技术，成为中国船舶工业集团公司沪东中华造船集团有限公司电焊高级技师、专家型人才、全国技术能手、“劳模工作室”带头人、中国船舶工业集团公司劳动模范。人只有感兴趣才会全身心投入进去，如果一个人从事的是一份自己感到很厌倦的工作，那精力很难集中，很难做好，而做不好当然就不算成功！

知识导航

一、青少年学生厌学的原因

青少年学生厌学的原因是多方面的，既有外部环境的影响，也有学生主观方面的原因；既有学校办学形式、办学条件、青少年学生毕业就业定位等问题，也有教师自身教学理念、方法等因素的制约。

1. 社会环境的变化

随着社会的发展，时代的变迁，青少年学生思想意识、道德水准、价值取向、行为方式都发生了重大变化，呈多元化的趋势。现在的学生不再盲目崇拜权威、传统、教师和书本，更注重自身需要和个性追求。学校的培养、教师的教导对学生的影响作用越来越小，而社会环境变化对学生的负面影响却越来越大。

2. 家庭教育的失衡

家庭是学生成长的港湾，家庭生活状况及方式对学生厌学情绪的产生起着潜移默化的影响。目前的职业学校青少年学生大部分来自农村，其父母长期在外打工，与家庭子女很少沟通，使其子女在学习上意志消沉，产生厌学情绪；有的家长使用粗暴的教育手段对孩子身心造成莫大伤害，使学生感到自卑、压抑，进而对学习失去兴趣。这些家庭教育方法不当，要么过分溺爱与庇护，对孩子的学习不管不问；要么严厉有余，对成绩要求过高，加重学生心理负担，使其产生逆反心理，对学习厌倦。

3. 学校教育的滞后

当前，青少年学生产生厌学情绪，与现行职业教育本身存在的弊端有直接关联。一是各中职学校，特别是县级中职学校生源紧缺，在招生极其困难的情况下，为了自身生存，不得不把主要时间和精力放在招生上，教育教学改革明显滞后，不能适应青少年学生多元化、多层次的需求；二是一些教学内容过时陈旧，脱离实际，缺乏新意，对学生没有吸引力。特别是当前开设的一些课程，内容过深，而现在的青少年学生文化基础较差，有的连小学、初一的知识都没掌握，按现行高中段的教学要求，不少学生想学也学不进；三是教学形式及方法上仍存在单调、枯燥、呆板、照本宣科等问题，教师仍处在“我讲你听，我教你学”的被动式教学地位上，难以激发学生的学习兴趣，怎不产生厌学情绪；四是教师的理念还没完全转变，总怀念过去的学生，学生勤奋好学，老师安贫乐教，师生关系其乐融融，教学事业很有成就感。而面对现在的青少年学生，总感到难教、难管，有的教师一进课堂就感到头疼，怕课堂纪律不好，这节课上不下去；有的甚至产生厌教情绪。教师的厌教情绪，必然影响或波及到学生；五是理论课教学比例大于实训课，学生实训操作时间不足，因而对理论课的学习感到厌倦，失去学习动力。

4. 毕业生就业问题

目前社会上存在就业难与劳动力准入低门槛的矛盾，对青少年学生的学习积极性带来极大冲击。一方面就业市场供大于求，不少大学生、中专生毕业就失业，找不到合适的工作；另一方面劳动力准入门槛却很低，没有文化程度和专业技能等级要求，小学初中没毕业，只要肯出力，照样能找到工作。这种社会现状使不少青少年学生感到：学与不学照样找工作，学多学少同样有人要，因此，便自觉或不自觉地产生“读书无用”等厌学情绪。

二、青少年学生自卑的原因

青少年学生不能正确地认识自己的优缺点，与同龄人相比感觉自己一无是处，甚至没有存在的价值，在生活和学习上自暴自弃，缺少自信心。形成自卑的原因大致有以下几种。

1. 性格和心理因素

有些学生性格比较内向，不善于与人交流，沉默寡言，性格忧郁，感觉事事不如意，别人都不能理解自己，悲观失望，封闭自己。在学习上，不善于与老师和同学交流，遇到听不懂的问题，不敢向老师请教，害怕老师讥讽和同学嘲笑，放在心里不能排解，容易产生心理问题。

2. 学习成绩差的因素

有些学生因为学习成绩比较差而自卑。成绩差的原因是多方面的，有些学生是因为家庭的因素，比如单亲家庭，父母离异，导致其没有将心思用于学习上；有些学生是没有掌握正确的方法，比如上课经常走神，抓不住主要内容，只听到一些细枝末节的内容，课后不懂得正确的复习方法，从而导致学习成绩差等。

兴趣是撬起地球的支点

3. 学习兴趣取向的因素

有的学生对理论性的东西本身就不感兴趣，更喜欢动手和技能型的知识，在应试教育的影响下，家长和老师会认为其不务正业，对其失去关心和关爱，使其产生心理上的自卑。

4. 社会环境的影响的因素

进入到职业学校，生活环境的改变也容易使适应能力差的学生产生自卑心理。一说职业学校，就觉得自己“矮人一截”，面子上过不去，从而无法对自己形成客观、科学的评价。

三、增强青少年学生的学习兴趣和信心

1. 激发学习兴趣

爱因斯坦说：“兴趣是最好的老师”，浓厚的兴趣和强烈的求知欲，是学习成功的重要因素。我们对学习产生兴趣、有强烈的求知欲，就能真正地成为学习的主人。

（1）消除依赖，自主学习。消除对老师的依赖，主动参与学习活动，参加丰富多彩的课外活动，在大量的活动中体验学习的乐趣，养成学习的自觉主动性。

（2）预设目标，满足需要。自己设定通过课堂学习而达到的目标，通过努力达到了，就会满足学习需要，提高学习兴趣，使学习行为更为持久。

（3）发挥专长、更新理念。天生我材必有用，每个人都可以通过加强学习去实现自我价值。学习成绩并不是检验成功的唯一标准，更不是对其智力考核的唯一凭证，学生即使

学习不出色甚至很差，一样会在其他方面有突出的表现，而往往这种表现就来自于他们的兴趣点。

2. 树立自信心

青少年学生应正确地认识自己的优缺点，树立正确的人生观、世界观和就业观，充分认识到自身的优势和劣势，扬长避短，以积极乐观的心态面对学习和生活。

（1）积极发言，破除心理障碍。在教师讲课的过程中，认真听讲，对没有听懂的问题进行提问。当老师在课堂提问时积极举手发言，克服当众发言的紧张和焦虑感。经常锻炼就会减轻当众发言引起的紧张和焦虑，并且会获得当众发言的成就感，破除自己心理障碍，久而久之就会树立起敢于表达自己的自信心。

（2）方法正确，提高成就感。职业技能教育无须死记硬背，只要理解操作的实质就行，考核时无须跟书本上的一模一样，这样就给了青少年学生学习的机动性。因此，青少年学生在掌握技能时勤于思考，运用自己的理解能力，不需要一字不差地照本宣科，只要核心思想正确即可。这样学生会感觉学习其实很轻松，每节课都有收获，学习并不难，有成就感。

（3）主动学习，提高学习效率。认真做好课前预习，在课前预习时弄清课程的疑点难点，带着问题去听课；上课认真听讲，记好笔记是关键，跟上老师的思路，遇到不懂的问题先记下来，课下找老师问，想办法弄懂，不能影响听下面的课；课后做好复习，查漏补缺，温故而知新。养成主动学习的习惯，提高学习效率。

（4）坚定信念，积极心理暗示。遇到困难多进行积极的心理暗示，树立积极的人生态度，使“我不行”“我很笨”的消极暗示转化为“我也能行”“这个我也很擅长”的积极暗示，相信世上无难事，只怕有心人，逐渐树立信心，逐渐积累心理力量。端正态度，强化信念，以自信、积极的心态面对各种困难。

随着中国经济的转型，中国企业已经开始由劳动密集型向技术密集型转换，目前，中国的用工荒并不是真正缺少劳动力，而是缺少有专业技能的人才，职业学校正是响应国家的号召，培养高素质技能人才的地方。真正在职业学校学到一技之长的学生，也可以成为社会建设的栋梁。

心理体验活动

活动目的：学会学习，激发学习兴趣，提高学习效率。

活动步骤与要求：将同学分组，可以5~8人为一组，每组设小组长一名，体验活动在组内进行。

活动一

活动目的：学会学习，激发学习兴趣，提高学习效率。

根据学生知识结构，准备丰富多彩的智力问答，包括上两个学期以及本学期所学的各科目所涉及的问题。

老师事先制作课件

活动要求：问题难度要适中，有难有易，各组题目难度相当。

活动流程：

1. 分组进行，对全班进行分组，以 5~8 人为一组。

2. 进行必答题问答，教师当主持人，对各组进行问答。

3. 以抢答方式进行答题。

4. 计算各组得分，最后评奖。

活动二

主题：放飞想象

活动目的 ：培养积极想象热情，提高想象的积极性，培养学习情趣，克服学习障碍。

活动准备：课前布置学生收集生活中的废品，如旧报纸、易拉罐、旧的光碟、废旧包装盒、树叶等，发挥自己想象，设计做出新的产品，或图案，显出新的创意。

以小组为单位制作，教师收集学生作品，进行评比，看哪组作品有创意，对每组作品评分。

体验活动结果展示

各小组长将本组个人提交的资料与作品收齐，并就总体情况做出总结，在全班面前展示，供同学查验，要求有活动过程的介绍、发现的问题以及改进措施及其理由。教师主持的问答项目可直接给各组打分加到总分中。

任务评价

1. 小组活动评价标准

组长负责分配不同的组员去完成任务，每个成员完成全部实习规定的各个环节的体验，每个实习阶段每个环节都体验到，有具体的情景描述。组长负责组内分数评定：完成任务，得 30 分，如果有漏错等情况，分别给予扣减相应的分值。

（1）态度：服从组长分配，用心完成任务，根据所学知识找到自己的症结所在，与小组成员进行讨论，大胆阐明自己的对策。

（2）互助与合作：帮助组内其他成员解决问题，与小组成员一起分享观点，分担任务和责任。

（3）倾听：认真倾听他人的观点，并能针对其他成员的交流提出自己的观点与见解。

（4）展示与效果：代表小组发言，能全面、准确地汇报小组共同学习成果。

小组成员评价意见如表 4-1 所示。

表 4-1　小组成员评价表

________小组名称　　　　　　　　　　　　　　　　组长：________

小组成员	态度 5 分	互助与合作 10 分	倾听 5 分	展示与效果 10 分

2. 教师评价标准

教师负责评价每组的任务完成情况，量化评价标准，对工作结果进行评价。总分值最高为 70 分。教师对小组进行评价的标准如表 4-2 所示。

表 4-2　小组学习评价指标

序号	评价指标	分值
1	能在规定时间内小组合作完成活动任务，顺利展示。观点正确，表述逻辑性强	60~70
2	能在规定时间内完成体验任务，能做展示。有自己的观点，表述清楚	50~59
3	获得老师或其他组的帮助能完成工作任务，有展示	40~49

3. 教师点评

教师进行点评时，汇总小组内评价，教师对小组评价后进行总结点评，每个学生最后得分为所在小组分值加上成员评价分值。

学习任务2　掌握学习方法　提高学习能力

知识是人们在改造世界的实践中所获得的认识和经验的总和。知识不仅能指导人们从事各项实践活动，处理好各种社会关系，而且能使人们自身不断得到完善和发展。个人能力的大小是和他掌握知识的多少密切相关的。学习知识重要，掌握学习知识的方法更重要。青少年学生要想掌握更多的知识，使自己有能力，首先就要掌握科学的学习方法。科学的学习方法包括合理利用好时间、提高课堂学习效果、主动学习和创新学习。方法科学合理，就能提高学习效率，取得好的学习效果，掌握更多的知识本领。

> 学习知识要善于思考，思考，再思考。我就是靠这个方法成为科学家的。
>
> ——爱因斯坦

心灵故事

某中职学校计算机专业学生王飞，智力正常，入学学习成绩排在班里前几名。他是班里的体育委员，平时经常组织一些体育活动，学习很用功，但成绩却逐渐下滑。其班主任反映王飞上课能认真听讲，但基本不举手回答问题；作业能按时完成，只是正确率不是很高。同学们反映王飞平时很爱学习，每到考试前更加努力，几乎每天都开夜车。但是王飞的学习成绩仍然不是很好，下滑到班级30多名，家长和老师都很头疼，该生自己也开始怀疑自己的能力。

心理问题分析：

王飞的情况在青少年学生中是有一定代表性的。许多青少年学生的家长会反映，平时看学习还挺努力的，可成绩就是上不来，这到底是怎么回事？相信很多学生家长都有这种困惑，孩子学习很努力可成绩就是上不去。这种情况，如果孩子的智力没什么问题的话，那就要关注一下孩子的学习方法问题了。学习方法不当，孩子的努力就可能白费。就像案例中的王飞，智力没有问题，学习也很努力，可能就是学习方法不当，不能合理地安排自己的学习时间，最终导致了学习成绩的下滑。职业学校的学习与初中相比在方法上有很大的不同，专业课程增多，动手能力加强，学科更加体系化、结构化。学生要根据课程的变化来调整自己的学习方法，找到适合自己的学习方法才能事半功倍。

知识导航

一、合理地运筹时间

青少年学生如何才能合理地运筹时间呢？

1. 要善于计划时间

根据自己的情况和条件，制订出一个适合学习用的合理时间表，把最重要的事情放在最佳时间去做。学习时间与学习效果虽然有很大关系，但并不等于时间拉得越长，效果就越好。时间是个常数，但掌握好学习时间的最佳点，时间就会是一个变数。在学习过程中，当你感到头脑清醒、注意力高度集中、轻松愉快的时候，就是最佳时间点，这时的学习就会取得事半功倍的效果；当你感到疲劳的时候，就应当暂停学习去做其他的事情，使脑子得到休息，从而使时间不至于低耗。善于计划时间，合理使用时间，久而久之，便会形成一种用时“节律”，便会大大提高学习的效率。

2. 要善于利用零星时间

即使一个较忙的人，每天的零星时间加起来也有 2 个小时，一年就是 730 个小时。如果把这些时间合理地使用起来，等于延长了一个人的生命。因此，我们不要忽视零星时间的利用，要靠“钉子”精神，根据自己的情况，时间的长短，巧妙安排学习的内容。“盛年不再来，一日难再晨”。凡事从现在做起，不但不能把当天的学习任务推延到明天去完成，而且还应当养成习惯，把明天的一部分事放在今天来做。

二、提高课堂效率

1. 课前认真预习

预习是在课前，独立地阅读教材，获取新知识的一个重要环节。课前预习未讲的一章，首先把这一章中的每一节内容都仔细地阅读一遍，通过阅读、分析、思考，了解教材的知识体系、重点、难点、范围和要求，把教材中自己不懂的疑难问题记录下来。对已学过的知识，如果忘了，课前预习时可及时补上，这样，上课时就不会感到困难重重了。然后再纵观一章内容，找出各节的联系，掌握知识的脉络，绘出知识结构简图。同时还要阅读有关典型的例题，解答书后习题作为阅读效果的检查，并从中总结出解题的一般思路和步骤。有能力的同学还可以适当阅读相关内容的课外书籍。

2. 主动高效地听课

带着预习的问题听课，排除干扰，注意力集中，可以提高听课的效率，能使听课的重点更加突出。课堂上，当老师讲到自己预习时不懂的内容时，就要非常主动、格外注意听，力求当堂弄懂。同时可以对比老师的讲解以检查自己对教材理解的深度和广度，学习教师对疑难问题的分析过程和思维方法，也可以在老师允许的情况下做进一步的质疑、析疑，提出自己的见解。这样听完课，不仅能掌握知识的重点，突破难点，抓住关键，而且能更好地掌握老师分析问题、解决问题的思路和方法，进一步提高自己的学习能力。

3. 定期整理学习笔记

在学习过程中，通过对所学知识的回顾，对照预习笔记、听课笔记、作业、试卷、教科书和参考书等材料加以补充、归纳，使所学的知识达到系统、完整和高度概括的水平。学习笔记要简明、易看、一目了然，符合自己的特点。做到定期按知识本身的体系加以归类，整理出总结性的学习笔记，以求知识系统化。把这些思考的成果及时保存下来，以后再复习时，就能迅速地回到自己曾经达到的高度。在学习时如果轻信自己的记忆力，不做笔记，则往往会在该使用时却想不起来了，很可惜！

4. 及时做作业

做作业是学好书本知识必不可少的环节，是掌握知识熟练技能的基本方法。在平时的预习中，用书上的习题检查自己的预习效果，课后作业时多进行一题多解及分析最优解法练习。在章节复习中精选课外习题自我测验，及时反馈信息。因此，认真做好作业，可以加深对所学知识的理解，发现自己知识中的薄弱环节而去有意识地加强它，逐步培养自己的分析、解决问题的能力，逐步树立解决实际问题的信心。

5. 复习总结提高

对学过的知识、做过的练习，如果不及时复习，不会归纳总结，就容易出现知识之间的割裂而形成孤立地、呆板地学习书本知识的倾向。进行复习可以分三种情况：第一种是先复习，后做作业；第二种是先做作业，有时间再复习；第三种是安排时间复习。注意整理归纳，形成知识结构。把学过的知识进行梳理，使其系统化、结构化。不同的复习阶段应有不同的复习要求。

三、主动学习

1. 会阅读

阅读是学习的基础。阅读时，眼睛首先从书本或屏幕上感知文字或图像的信息，然后大脑进行分析与综合、演绎与归纳等思维活动，从中提取、处理所需要的信息资料，独立地获取知识。

2. 会思考

思考是学习的核心。阅读后遇到问题就要思考。解决问题的过程是分析与综合、演绎与归纳的独立思考的过程，学会具体问题具体分析的方法。

3. 会使用工具书

要求青少年学生必备三种工具书《新华字典》《现代汉语词典》《简明古汉语词典》。学生在阅读时，遇到不认识、不理解的字词自己能查词典解决。长期坚持，就能养成使用词典的习惯。

4. 会调控

调控是学习的保证。坚定的情结与平和的心态，对学习是有利的。既了解自身的长处又看到自己的不足，能制定目标、采取措施，不断调整心态、控制行为，使自己逐步成为品学兼优的学生。

四、创新学习方法

创新学习方法，就是在学习知识的过程中，不拘泥书本，不迷信权威，不墨守成规，以已有的知识为基础，结合学习的实践和对未来的设想，独立思考，大胆探索，别出心裁，开展新思路、新问题、新设计、新途径、新方法的学习活动。

1. 直接式学习法

就是根据创新的需要而选修知识，不搞烦琐的知识准备，与创新有用的就学，没有用的不学，直接进入创新之门。

2. 模仿学习法

就是指学生按照别人提供的模式样板进行模仿性学习，从而形成一定的品质、技能和行为习惯的学习方法。换句话说就是从“学会”到“会学”。

3. 探源索隐学习法

学生为了积极地掌握知识，采用创新性的思维方式，对所接受的某项知识出处或源泉进行认真地探索和追溯，并经过分析、比较和求证，从而掌握知识的整个体系。探源索隐学习法对于激发自己提出问题大有益处。

4. 创新性阅读法

以发现新问题，提出新见解，从而能超越作者和读物，产生出创新思考获取新答案的阅读方法。

大量事实表明：做好课前预习是学好各门课程的前提；主动高效地听课是学好各门课程的关键；及时整理好学习笔记、做好练习是巩固、深化、活化课程里的概念，将知识转化为能力，从而形成技能技巧的重要途径；善于复习、归纳和总结，能使所学知识触类旁通；适当阅读科普读物和参加科技活动，对学好各门课程是有益补充；树立远大的目标，做好充分的思想准备，保持良好的学习心态，是提高学习效率的动力和保证。

心理体验活动

试做心理医生

活动目的：掌握学习方法 提高学习能力。

活动步骤与要求：将同学分组，每 8 人分为一组，设小组长一名，体验活动在组内进行。可以轮流扮演患者和心理医生，根据所学知识给出解决方案，并说明理由。

案例

一个高三男孩，满脸痛苦地对着咨询师说：“老师，我很着急，为什么我很努力，我的成绩还是没有提上去呢?”老师询问道：“孩子，你能告诉老师你是怎么去努力的吗?”孩子一脸真诚地说：“老师，我一天用 18 小时的时间来看书学习、做作业。”老师表示理解并继续问道：“愿意花一天的 2/3 的时间来学习，是很棒的，那你一天能学习多少内容?”孩子说：“能学完的内容很少。”老师问：“是什么原因让你学不完?”孩子沉默不说话。

这样的处境，让这个男孩如此痛苦，是因在他的大脑里早年安装了这样的一个学习认知模式：学习上花的时间多(表明)越努力，越努力成绩(应该)越好，若是花了很多时间，成绩却不好，(推出)努力没有什么用。把时间、努力和成绩人为地进行单线条连接，这样的思维带来的恶果：不想让努力白费，总在计较着自己到底该不该花时间，而遗憾的是纠结的途中已经浪费了更多的时间。

补充资料

(1) 花很长时间≠真正的努力。即时间和努力有相关，无因果关系。一个是客观存在，另一个是主观能动。总容易将两者混淆在一块儿，是受利益最大化、成本最小化原则影响，即花的时间越多，努力越多，达到的收益越大才能维持平衡。所以收益已定，则需要在时间和努力上花更少，人会更倾向减弱努力，增多时间。

(2) 为失败找理由≠真正的努力。对于努力了没有得到预想的结果时，真正努力的人，不会抓住“是你的问题，还是我的问题”而不放手，并为是自己的问题找更多外部环境的理由，他会更倾向于分析这次失败的原因出在哪里，下一次如何预防这样的事情发生。

真正的努力是什么样的?

(1) 花规律的时间=真正的努力。顺应着时间变化，既不急功近利，也不拖延敷衍，有节奏地对一件事投入可再生的精力。

(2) 学会管制自己往哪一个方面用劲。从“努”字得到的启示：奴+力，听从命令来做事，一个指令一个动作，重复进行，而后得到一个自动化的行为反应，没有指令，有目标也会出现相应的动作。这就是说努力是后天培养起来的一种能力。

(3) 会调动自己的身体机能最大限度地使用周边资源去达成既定目标。大脑、眼睛、耳朵、鼻子、嘴巴、四肢如6个雷达站同时开启，搜索与目标相关的信息内容，并通过外界5个渠道传入到大脑进行加工，为自己所用。

(4) 不会太将周围人对自己的评价看做是真正的自己，而继续做着自己所认为对的事情。当自己觉得英语成绩不好，得多花一些时间和精力去提高英语成绩，清晨早一些起朗读英语课文，而周围一些同学对自己说“装什么装”时，我会选择更大声、更起劲地读，将自己声音盖过对方的声音，或是继续读课文，不理对方的话，因为在我的内心深处有一个坚定的声音在告诉自己，我此时学习并非是为了给谁看，而是为了提高自己的成绩而做的努力。

上述这个男孩，为什么花了很多时间，成绩却没有提上去呢?

(1) 这些时间被他如何利用的？在这18个小时里，有接近1/3的时间是用来盯着书本发呆；有1/3的时间用来在头脑中“休息或是不休息”的想法争斗；另外1/3的时间段里，有1/2的时间则在纠结着先做哪一科。最终真正学习的时间不到3小时。

(2) 对一次测试的成绩不理想，就会将其归咎于自己的努力没用，给自己贴上笨的标签。如此以求得内心的平衡，因为笨，成绩不好可以得到谅解，可若仅因不努力而成绩不好会担心被责骂，而对被责骂自己内心是无法承受的。

(3) 在意别人给自己的消极评价，和父母的失望。希望在别人心目中自己是一个积极的形象，期望父母对自己是有信心的。尽管有这样的期许，却始终不愿意正视自己目前的真实情况，确实成绩不好，确实做一些事希望得到别人的夸奖，不希望在别人面前出丑。

在日常生活中，如何去调配时间、努力和成绩三者间的关系?

(1) 努力是一个过程，没有时间是不太可能实现的。

(2) 时间是固定不变的，能改变的是在有限的时间里去做最大的努力。

(3) 成绩是一个结果，想要得到一个成熟的结果，就要愿意花时间，努力去耐心等待成熟的那一个时段到来。

要求：针对患者情况和补充资料，从心理治疗角度给出处方。

体验活动结果展示

各小组长将本组个人开出并提交的处方资料收齐，并就总体情况做出总结，在全班面前展示，供同学查验，要求有活动过程的介绍、活动后的新的认识。

任务评价

1. 小组活动评价标准

组长负责分配不同的组员去完成任务，组员要开出处方并运用知识说明理由，组长汇总要有具体的情景描述。组长负责组内分数评定：完成任务，得 30 分；如果有漏错等情况，分别给予扣减相应的分值。

（1）态度：服从组长分配，用心完成任务，根据所学知识发现自己的模糊认知，并找到自己问题的症结所在，与小组成员进行讨论，大胆阐明自己的对策和努力方向。

（2）互助与合作：帮助组内其他成员解决问题，与小组成员一起分享观点，分担任务和责任。

（3）倾听：认真倾听他人的观点，并能针对其他成员的交流提出自己的观点与见解。

（4）展示与效果：代表小组发言，能全面、准确地汇报小组共同学习成果。

小组成员评价意见如表 4-3 所示。

表 4-3 小组成员评价表

______小组名称　　　　组长：______

小组成员	态度 5 分	互助与合作 10 分	倾听 10 分	展示与效果 5 分

2. 教师评价标准

教师负责评价每组的任务完成情况，量化评价标准，对工作结果进行评价。总分值最高为 70 分。教师对小组进行评价的标准如表 4-4 所示。

表 4-4 小组学习评价指标

序号	评价指标	分值
1	能在规定时间内小组合作完成活动任务，顺利展示。观点正确，正确运用知识，发现问题确切，有解决对策，方法恰当有效，表述逻辑性强	60~70
2	能在规定时间内完成体验任务，能做展示。有自己的观点，表述清楚	50~59
3	获得老师或其他组的帮助能完成工作任务，有展示	40~49

3. 教师点评

教师进行点评时，汇总小组内评价，教师对小组评价后进行总结点评，每个学生最后得分为所在小组分值加上成员评价分值。

学习任务3　积极应对学习压力

青少年学生在学习上，普遍面临着压力大的问题。学习压力大对于大多数学生来说是一种烦恼，这种压力来自学校、家庭和社会，学生因为无法摆脱而表现出情绪低落、不善言谈、不爱交往、自信心不足等现象，有的还伴有失眠、烦躁、抑郁、焦虑、恐惧、厌学甚至离校出走等失衡现象。这种心理压力严重地影响着青少年学生的学习和健康。

> 逆境中找到光亮，时时校准自己前进的目标。
>
> ——亨利克·易卜生

心灵故事

学生于振生平常学习成绩很好，平时测验总是名列前茅，但他却十分担心别的同学超过他，整天争分夺秒地学习，从不放松自己。由于长期处于紧张状态，又时时害怕别人超过自己，焦虑过度，渐渐地思想不集中、不能正常思维，满脑子是问号“有人超过自己怎么办”，久而久之，一个学习成绩名列前茅的优秀学生发展到不能坚持正常学习。

竞争无可避免，但是过分的竞争和心灵的敏感不会成为学习的动力，反而适得其反，这需要同学们自己去调节。

心理问题分析：

学习遇到压力以后，应对压力情况进行客观冷静地分析。一方面是对压力来源的分析，思考一下是什么原因导致压力的，是外在因素还是个人因素？了解了压力的来源，既可采取对策，也可舒缓情绪方面的反应；另一方面是对压力后果的分析，即它主要将对自己产生什么影响？在压力过大时，学会给自己减压。

我们需要压力，没有压力将一事无成，亦得不到别人的认可，人生的价值也得不到体现。对成长中的青少年学生来说，适当的压力是必不可少的。人生难免遇到各种压力和挑战，但要坚信自我。清醒地把握自我，审时度势地去塑造健康的心理、健全的人格，善待成功和失败，洒洒脱脱，一步一个脚印地走向新的更加美好的明天，你就是自己的太阳。

知识导航

一、青少年学生学习压力原因分析

1. 社会因素

当今时代，知识迅猛增长，对人才的要求越来越高，青少年学生的社会竞争力加剧。学生毕业后的出路如何，关键在于学生的学习成绩和技能水平，劣者将面临就业难的处境。因此，学生从入校到毕业前，都有一种潜在的危机感，社会激烈的职业竞争，使学生产生了较大的心理压力，尤其是一些技能平平、无社会背景、家境又一般的学生，压力更大。

2. 家庭的因素

(1) 父母的期望造成的压力

现在许多家长对孩子无微不至的关爱，希望子女早日成才。而家长的期望与孩子的实际情况有一定差距，于是就会引发两种不同的心理压力：一种人怕自己成绩和表现不符合家长的要求，会受到责备而产生压力；另一种较懂事的孩子，则怕因此而辜负了父母的一片苦心，这种人心理压力则更大。

(2) 家境的贫困造成的压力

职业学校青少年学生大多来自农村，普遍不富裕，而随着经济的发展，城镇学生父母下岗也不再是新鲜事，但也不乏相对富裕的家庭，贫困家庭的学生想攀比，又受到钱的限制，于是家境的贫困就成了这些学生的心理压力。当然也有些学生因为父母下岗，整日忧心忡忡，他们的压力更多的来自成人感，希望自己早日撑起这个家，但又力不从心。

(3) 特殊家庭造成的压力

由于社会的原因，离异的家庭越来越多，出现了不少单亲的家庭，或有继父母的家庭。这些家庭的孩子因此怕同学瞧不起自己，由于自卑而背上沉重的心理包袱。

3. 学校的因素

(1) 学业压力

从初中到职业学校，课程设置有很大的差别，专业性相对突出，除文化课外，专业课占据很重要的地位，尤其是专业技能操作。于是，许多学生无法适应这一转变，觉得学习负担加重，感到压力很大。

(2) 制度压力

刚进入职业学校，面对新的环境，都希望重新开始，有杰出的表现。入学后，小心谨慎，生怕违规，因此造成不小的压力。当然这种压力持续时间较短，当对制度熟悉后，会慢慢减弱。

(3) 竞争压力

青少年学生在学校面临各种各样的压力，首先是学习竞争，包括理论成绩的竞争和技能技巧的竞争，各科成绩的比较，总分成绩的排名，各种等级证书的考核，学生在你追我赶中力争上游，同时也带来相应的竞争压力。其次，各种社会工作所要求的能力高低的竞争。另外，班级干部竞选，学生会、团委干部、小记者等种类繁多的社会工作竞争，也使每位学生感到压力就在身边。

4. 个人的因素

社会、家庭和学校所造成的压力，都只是外在因素，外因必须通过内因而起作用。不同的个体面对同样的压力，所感受的程度不同，这就与个性心理有关。

（1）个体期望值高，好胜心强

一般个体总会对自己提出一定的期望，但期望值过高，常常不切实际，而且对事情成败得失很在乎。更由于好胜心强，凡事都想求完美，总要与人比高低，得失心重，因此，觉得压力很大。

（2）自我肯定不足，自卑感强

自我肯定不足的人，他的喜怒哀乐受制于别人的褒贬，自我要靠别人来肯定，这类人因为自卑感强，一旦受到挫折或打击，则非常痛苦，压力很大。

（3）嫉妒心强

虚荣心、自私和占有欲是造成嫉妒的原因。而同学间学习成绩的优劣、家庭物质条件的好坏、个体能力的差异都会导致部分同学由羡慕发展到嫉妒，从而造成心理失衡，甚至不择手段地追求，形成强大的心理压力。

二、青少年学生积极应对学习压力的办法

青少年学生如何把学习的压力转化为前进的动力，如何在强大的压力下继续保持健康、积极向上的心态。

1. 正确的心态认识学习压力

压力是客观存在的，我们必须直面压力，承认压力的存在，想出面对压力的解决方法。就拿来自父母对我们的学习压力，大都是抱着恨铁不成钢的心理，从学习时间、学习数量、学习活动等外在行为表现来加以干预；而老师们大都是从任教学科出发，过分强调本学科的作业量、成绩分数、学生个人学习行为。整体来看，都是一种良好的心理动机，只是有时方式、方法或要求程度超出了学生身心的承受能力，而令学生感受到强大的压力。

2. 积极地心态面对学习压力

压力是一把双刃剑，既有利也有弊。我们在压力的推动下，积极向上、勤奋刻苦，最终会硕果累累。如果我们因为承受不了学习的压力，自暴自弃，终日沉浸在苦恼的深渊，结果成绩也会越来越差。首先要保持好的心态，积极面对学习中的烦恼和难题，平时上课时要及时搞懂那些不懂的问题，复习时的重点是把不懂的问题及时弄懂，考试时放轻松，一定要冷静、沉着，把会做的都做对，把能做的都做好，不会做的瞎蒙也要写一点，字迹一定要清晰。

3. 合理的疏导化解学习压力

来自父母和老师的压力，以及社会的压力，整体来看，都是一种良好的心理动机和积极的心理导向，只是有时方式、方法或要求程度超出了学生身心的承受能力。合理疏导这种压力，化为学习的源动力。通过了解建立理解，通过倾诉产生心理共鸣，争取父母的支持与帮扶，求得老师的心理认同。

4. 科学的学习方法减轻压力

梳理自身的学习情况，找出自己存在的问题，给自己制订学习目标，合理地分配时间，

有针对性地学习；把需要学习的信息、掌握的知识分类，做成思维导图或知识点卡片，整合知识点，方便记忆、温习、掌握。同时，把新知识和已学知识联系起来，不断完善知识体系，促进理解，加深记忆。做题的时候要学会反思、归类，整理出对应的解题思路。遇到错的题，把这些错题收集起来，每个科目都建立一个独立的错题集，保证不在同样的问题上再出错、再丢分。掌握速读记忆的方法，提高学习复习效率，取得好成绩。

5. 学会自我调节释放压力

如果压力太大，可以学会自我调节，以适当方式宣泄自己内心的不快和抑郁，以解除心理压抑和精神紧张。尽量避免好高骛远，要踏踏实实地学习，善于自我调节，有张有弛。具体的可以做感兴趣的事，如看电影、逛街、聊天、听音乐释放压力，或是找个没人的地方大声地喊叫，把不良情绪宣泄出去，减轻压力。

心理体验活动

试做心理医生

活动目的：锻炼、保持健康的心理，提高积极应对学习压力的自觉性和自觉性。

活动步骤与要求：将同学分组，每 8 人分为一组，设小组长一名，心理医生体验活动在组内进行，开出处方并讨论交流。

案例情景材料

孩子，你为何自杀？

自杀，无疑是一种极端行为，为何会发生在花季年龄的孩子中间呢？

学习压力越大，孩子自杀行为发生率越高。据报道，昆明市福海中学初中二年级的学生莫某因为考试成绩不理想，心理负担过重而服毒自杀。莫某平时十分听话，是家里和学校公认的好孩子，连续多次被评为三好学生。她的父母对这个女儿的期望值很高，平时很少让她做家务，对她提出的要求也基本上百依百顺，但是对女儿的学习成绩则要求每次考试都必须在班里排前 3 名。经过努力，莫某每次都满足了父母的期望。但是上学期期末考试她成绩不够理想，没有进入前 3 名。因为考试成绩不够理想，父母曾责备过她，此后，莫某情绪低落、沉默寡言，还有过跳楼轻生的念头，但并未引起父母的重视。

北京市青少年学生自杀相关行为报告显示：初二、初三年级的女生有过自杀想法的占 22.9%，明显高于其他年级。北京大学公共卫生研究所星一博士说，面临中考，父母的高期望值、千军万马过独木桥的恐惧，足以让孩子的心理压力无限增大。而女生就更严重，因为女孩子情感内敛，不像男生更容易宣泄不良情绪。

另外，父母对孩子的高期望值，学校对孩子的严加管理，使得孩子把大量的时间，甚至是全部时间都用在了学习上，无形中就缩小了孩子的活动范围，使得孩子无暇进行其他娱乐活动。孩子没有娱乐空间，就缺少很多乐趣，就会觉得生活索然无味。

要求：针对上述现象开处方，从心理上帮助疏导这一部分学生的学习压力。

体验活动结果展示

各小组长将本组个人提交的处方等资料收齐，并就讨论的总体情况做出总结，在全班面前展示，供同学查验，要求有活动过程的介绍、发现的问题以及改进措施及其理由。

任务评价

1. 小组活动评价标准

组长负责分配不同的组员去完成任务，每个成员完成全部实习规定的各个环节的体验，每个实习阶段每个环节都体验到，有具体的情景描述。组长负责组内分数评定：完成任务，得 30 分；如果有漏错等情况，分别给予扣减相应的分值。

(1) 态度：服从组长分配，用心完成任务，根据所学知识找到自己的症结所在，与小组成员进行讨论，大胆阐明自己的对策。

(2) 互助与合作：帮助组内其他成员解决问题，与小组成员一起分享观点，分担任务和责任。

(3) 倾听：认真倾听他人的观点，并能针对其他成员的交流提出自己的观点与见解。

(4) 展示与效果：代表小组发言，能全面、准确地汇报小组共同学习成果。

小组成员评价意见如表 4–5 所示。

表 4–5　小组成员评价表

________小组名称　　　　　　　　　　　　　　　　组长：________

小组成员	态度 5 分	互助与合作 10 分	倾听 5 分	展示与效果 10 分

2. 教师评价标准

教师负责评价每组的任务完成情况，量化评价标准，对工作结果进行评价。总分值最高为 70 分。教师对小组进行评价的标准如表 4–6 所示。

表 4–6　小组学习评价指标

序号	评价指标	分值
1	能在规定时间内小组合作完成活动任务，顺利展示。观点正确，表述逻辑性强	60~70
2	能在规定时间内完成体验任务，能做展示。有自己的观点，表述清楚	50~59
3	获得老师或其他组的帮助能完成工作任务，有展示	40~49

3. 教师点评

教师进行点评时，汇总小组内评价，教师对小组评价后进行总结点评，每个学生最后得分为所在小组分值加上成员评价分值。

学习任务4　树立终身学习和实践学习理念

所谓终身学习就是通过不断地、持之以恒地学习来发挥人类的潜能，激励并使人们有权利去获得终身所需的全部知识、价值和技能，并在任何时候、任何情况下的任何环境中，有信心、有创造性和愉快地应用它们。

> 纸上得来终觉浅，绝知此事要躬行。
>
> ——陆游

心灵故事

著名经济学家于光远活到老学到老

为了不落后于时代，2001 年，86 岁的著名经济学家于光远开始使用电脑，并建立了自己的网站。2006 年，91 岁开博客当“博主”。晚年的于光远以乐观的生活态度治学为文，每天花大量的时间坐在电脑前，除了吃饭、睡觉，他基本都在电脑上写着、学着、玩着、快活着。他表示，不过百岁生日，要出百部著作。91 岁时，他出版的著作已达 80 部。

心理问题分析：

人在学校里获得的知识只占一生所需知识的很少部分，很多知识要在学校后教育中获得。我们不能固守原有的那点知识而企望它管用一生。终身学习是 21 世纪的生存概念，是各行各业自身发展和适应职业的必由之路。当今世界，科技突飞猛进，信息与日俱增，社会各个领域的科学知识不断由单一走向多元，不断向更深、更广的层面发展，要求人们不断地去学习和更新专业知识。

知识导航

一、终身学习是时代发展的必然趋势和要求

人类进入 21 世纪，由于生产力的快速发展，科技的日新月异，信息技术的全面应用，知识门类激增，大量的边缘学科涌现（如：生物物理学、生态经济学），知识革新周期不断

缩短，信息化特征明显，这是一个终身学习的时代，一个更加注重开发人类自身资源、潜力与价值的时代。

联合国教科文组织指出：未来社会的文盲不再是不识字的人，而是不会学习的人。随着知识经济时代的到来，可能有人在某种程度上会成为新文盲。不会外语、计算机的人不能与人很好相处，不能与环境协调一致，是情感缺失的人。现代社会，提倡终身学习，就是为了使人更好地与环境协调一致，更好地理解生活的真正意义，提高个人的尊严，掌握美好生活所需要的实际知识的技能。

当今世界，科技突飞猛进，知识经济也日趋激烈，人才资源在增强国力方面显示出极其重要的作用，各国之间激烈的经济竞争和科技竞争归根结底是教育的竞争，是人才的竞争。从一定的意义上说，教育决定一个国家和民族的未来，是一个民族最根本的事业，面对日益激烈的市场竞争，迎接未来知识经济的挑战，接受良好的教育，尤其是终身教育，已逐渐成为人们生存发展的第一需要，终身受益的财富，甚至决定一生的命运。

二、树立终身学习和实践学习的理念

"非学无以广才，非学无以明识，非学无以立德"，终身学习是一种积极的生活态度，自古就有"学而不思则罔，思而不学则殆"的辩证，也有"学海无涯苦作舟"的人生乐趣。学习，真的是一门大学问。

1. 树立终身学习的理念

说到学习，人们往往把它与学校的教育联系在一起，而忽略了离开学校后在工作、生活中的学习。人的一生中在学校度过的时间只占20%，而从事工作的时间、退休之后的晚年约占70%多。学校教育传授的知识主要是基础性的，而且是非常有限的。它的功能主要是对基础知识的掌握和学习能力的训练，而迈出校园的那一刻起，人就要开始主动学习，才能适应社会发展的需求。为此，要树立终身学习的理念，把学习作为工作和生活的习惯，向书本学、向实践学、向周围的人学，博采众长，汲取养分，启迪心智。

2. 养成天天学习的习惯

孟子曰："吾不能，是不为也，非不能也。"意思就是说并不是我不会做，而是我不愿意去做。那些抱怨抽不出时间读书的人，说到底是没有将读书学习作为一种生活需要、一种精神追求。在我们的生活中，经常出现这样的情况，当你很喜欢某件事情的时候，总是可以找到足够的时间和充沛的精力去完成它。读书也是这样，关键是要培养兴趣，形成习惯。给自己定下一个读书的目标，每天睡前看上十几二十分钟，每次就可以看上二千字，一月就是六万字，一年就是七十多万字，可以看完好几本书了。古人云："贵有恒，何必三更起五更睡；最无益，只怕一日曝十日寒。"要把学习作为一种良好的习惯培养起来，作为不可或缺的一种生活方式坚持下去，变"要我学"为"我要学"。

3. 掌握善学善成的能力

在主动学习的基础上，更要有针对性地学习。任何人都不可能通晓所有知识，读遍所有书籍。必须从各自的知识结构和工作实际出发，"缺什么，补什么""需要什么，学什么"，在广泛涉猎各方面知识的同时，有针对性地选择一些经典作品进行阅读，这样才能获取学习的最大效益。

善思以求真，要廓清视野，常思常新。要勤学善思，留心观察，用心思考，不但要知其然，而且要知其所以然，要善于运用辩证法一分为二地看问题；用发展的、联系的观点去认识事物、分析问题；对一个问题多角度、多向度地进行思考，达到举一反三的效果。要坚持实践是检验真理的唯一标准，不唯书、不唯上、只唯实。在思考中探求真理，不人云亦云。

如果只知埋首故纸堆，不运用科学方法进行有益的思考，学习得来的知识永远成不了你手中的“武器”。学习与思考紧密结合，勤学是态度、是基础，善思是对学习成果的一个“深加工”过程。通过思考，把学到的东西加以过滤，使之更符合实际情况，才经得起实践的检验。

“善思”必须用心专一，戒粗心大意；必须持之以恒，戒惰戒怠；必须循序渐进，戒急戒躁；必须珍惜时间，戒虚度光阴；必须虚心好问，戒骄戒满；必须博闻强记，戒浮光掠影；必须联系实践，戒纸上谈兵。

4. 要勤于实践，善于创新

毛泽东同志曾明确指出：“学习的目的全在于应用，一个人读的书再多，如果不能将所学的知识运用到工作之中，那就会失去学习的实际意义，只有做到学用结合、学以致用、学用相长，才能够提升自身的能力和水平。”对于书上学来的知识，既要活学，更要活用，要学而笃行。学习的目的全在于运用，必须联系实际，将理论与实践相结合，运用所学知识解决实际问题，在实践中深化对所学知识的认识和理解。荀子曰：“不闻不若闻之，闻之不若见之，见之不若知之，知之不若行之。学至于行而止矣。行之，明也。”

从概念、思考、运用到创新，形成完整的学习链。创新是学习思考的实践升华和价值体现，要富于创新精神，把学习到的知识用到创新观念、创新作风、创新工作方法上，使自己的内在素质、能力、精神状态达到一种全新的状态，不断开创工作新局面。

古人云：“吾生而有涯，而知也无涯”。当今社会，世界在飞速发展，新生事物层出不穷，知识更新的速度大大加快。要适应不断发展变化的客观世界，就必须把学习从单纯的求知变为生活方式，努力做到活到老学到老。

故事阅读

“为什么不把蜡烛点起来呢?”

即位于公元前557年(春秋时期)的晋国君主晋庄平公姬彪，在他70岁的时候，觉得自己所掌握的知识实在是太有限，希望多读点书，多长点知识，可是他对自己的想法不是很自信，于是他去询问他的臣子——一位双目失明但博学多智的老人师旷。

晋平公问师旷说：“你看，我已经70岁了，我希望再读些书，长些学问，但是又担心是否太晚了。”

师旷回答说：“大王说太晚了，那为什么不把蜡烛点起来呢?”

晋平公不明白师旷在说什么，便说：“我在正经地问你话，你却和我瞎扯什么点蜡烛，哪有做臣子的如此戏弄国君的?”

师旷听后连忙说：“大王，您误会了，我一个双目失明的臣子，怎么敢随便戏弄大王你呢？我听说，人年少好学，如同早上的太阳绚丽；人壮年好学，如同中午的阳光炽热；人老年好学，如同入夜点亮蜡烛，蜡烛的光亮虽然不如阳光，也总比在黑暗中摸索要好多了。”

晋平公恍然大悟，高兴地说：“你说得太好了，的确如此！我有信心了。”

不爱学习，即使大白天睁着眼，也只能两眼一抹黑；只有经常学习，不论年少年长，学问越多心里越亮堂，才不至于盲目处事、糊涂做人。

心理体验活动

活动目的：锻炼、保持健康的心理，强化终身学习和实践学习理念。

活动步骤与要求：将同学分组，每 8 人分为一组，设小组长一名，体验活动在组内进行，按照所学的知识就案例资料进行分析，写出自己的观点并在组内讨论。

案例资料

（1）先贤庄子曾说：“吾生也有涯而知也无涯。”何况现代社会的知识寿命大为缩短，个人用十几年所学习的知识，会很快过时。如果不再学习更新，马上就进入所谓的“知识半衰期”。据统计，当今世界 90%的知识是近 30 年产生的，知识半衰期只有 5~7 年。而且，人的能力就像电池一样，会随着时间和使用而逐渐流失。因此，人们的知识需要不断加油、充电。当今时代，世界在飞速发展，知识更新的速度日益加快，人们要适应变化的世界，就必须努力做到活到老、学到老，要有终身学习的态度。以老人为例，也得学会如何使用洗衣机、微波炉甚至是电脑，不然享受不了科技带来的乐趣与便捷。

（2）鲁迅先生是榜样，先生在临死前一个小时还在写文章呢！

（3）华人首富李嘉诚，他每天晚上看书学习，这个好习惯已坚持了几十年。

（4）著名经济学家于光远活到老学到老。当年 91 岁的著名经济学家于光远仍保持强烈的求知欲望，是活到老、学到老的典范。他 86 岁开始使用电脑，建立了自己的网站，又当“博客”。不想落后于时代的于光远，以乐观的生活态度治学为文、安度晚年。

要求：

（1）说说你对上述资料的看法。

（2）联系自己的专业分析为什么需要终身学习？

体验活动结果展示

各小组长将本组个人提交的资料收齐，并就总体讨论情况做出总结，在全班面前展示，供同学查验，要求有活动过程的介绍、发现的问题以及改进措施及其理由。

任务评价

1. 小组活动评价标准

组长负责组织组内讨论活动并进行总结，要有具体的情景描述和总体情况的分析。组长负责组内分数评定：完成任务，得 30 分；如果有漏错等情况，分别给予扣减相应的分值。

（1）态度：服从组长分配，用心完成任务，根据所学知识找到自己的症结所在，与小组成员进行讨论，大胆阐明自己的对策。

（2）互助与合作：帮助组内其他成员解决问题，与小组成员一起分享观点，分担任务和责任。

（3）倾听：认真倾听他人的观点，并能针对其他成员的交流提出自己的观点与见解。

（4）展示与效果：代表小组发言，能全面、准确地汇报小组共同学习成果。

小组成员评价意见如表 4-7 所示。

表 4-7　小组成员评价表

_______小组名称　　　　　　　　　　　　　　　　　　　　组长：_______

小组成员	态度 10 分	互助与合作 5 分	倾听 5 分	展示与效果 10 分

2. 教师评价标准

教师负责评价每组的任务完成情况，量化评价标准，对工作结果进行评价。总分值最高为 70 分。教师对小组进行评价的标准如表 4-8 所示。

表 4-8　小组学习评价指标

序号	评价指标	分值
1	能在规定时间内小组合作完成活动任务，顺利展示。观点正确，表述逻辑性强	60~70
2	能在规定时间内完成体验任务，能做展示。有自己的观点，表述清楚	50~59
3	获得老师或其他组的帮助能完成工作任务，有展示	40~49

3. 教师点评

教师进行点评时，汇总小组内评价，教师对小组评价后进行总结点评，每个学生最后得分为所在小组分值加上成员评价分值。

项目五

提升职业心理素质

▶教学目标

了解职业与生活、成长和学习的关系，懂得职业心理素质的重要性。正确对待职业压力与职业倦怠，提高职业适应能力，为成功求职就业与创业奠定心理基础。

▶教学要求

认知：掌握职业、职业角色的概念，了解职业心理素质的重要性，正确对待求职就业与创业中出现的心理行为问题。了解创业与创新。

情感态度观念：勇于面对职业压力与职业倦怠，认同职业角色规范，不懈追求创业和创新。

运用：掌握提高职业适应能力的方法，在体验和实践中提高职业心理素质。

学习任务 1　认识职业

人类一方面为生活而劳动，一方面也是为劳动而生活。人类不是上帝特地造来充当消化面包的机器，每个人都应该根据自己的能力认定一件事去做。工作没有高低贵贱之分，劳动都是神圣的。

敬业对人生最为必要，又对人生最为有利。同时人生能从自己职业中领略出趣味，生活才更有价值。

从社会角度看，职业是劳动者获得的社会角色，劳动者为社会承担一定的义务和责任，并获得相应的报酬；从国民经济活动所需要的人力资源角度来看，职业是指不同性质、不同内容、不同形式、不同操作的专门劳动岗位。

第一，与人类的需求和职业结构相关，强调社会分工；

第二，与职业的内在属性相关，强调利用专门的知识和技能；

第三，与社会伦理相关，强调创造物质财富和精神财富，获得合理报酬；

第四，与个人生活相关，强调物质生活来源，并设计满足精神生活。

职业无所谓好坏，但是，不同的职业却意味着不同的人生。

> 世上没有卑贱的职业，只有卑贱的人。
>
> ——美国第 16 任总统　林肯

心灵故事

王海毕业后一直找不到工作，每次到人才市场找工作都是无果而归。用人单位有的认为他的学历低，有的觉得他的专业不对口，有的虽然觉得他的专业对口了，但又认为他刚毕业，没有工作经验，最后一律将他拒之门外。由于找工作屡屡受挫，他对找工作失去了信心，每日茶饭不思，心里烦透了。

心理问题分析：

认识自己是求职择业的前提，心理学家柯里说："人与人之间可以相互为镜子，都能照出他面前人的形象。"认识自己的长处和不足，认清自己在人群中所处的位置，以便扬长避短。一个求职择业的人如果不注意与共同竞争职业的人相比较，很难判断自己的成功概率。

有些学生因自身综合能力的不足，或因机遇时机把握不准，导致找不到理想的工作单位。但他们往往不从自己身上找原因，而是怨天尤人，从而产生了不平衡心理。这种不平衡心理往往导致少数学生对社会以及人生产生偏颇看法。有些学生因自己专业技能不如其他同学，或因面试屡次受挫，从而产生了强烈的自卑感，失去了求职的信心和勇气。还有些同学因职场竞争的激烈，以及认为自己已经长大不再给父母增加负担的想法，使自己无形中背负着很沉重的压力，常常会表现出焦虑和急躁，缺乏自我控制，烦躁不安，无所适从，有时会导致事倍功半甚至事与愿违。

知识导航

一、职业

1. 职业的定义

职业是参与社会分工，利用专门的知识和技能，为社会创造物质财富和精神财富，获取合理报酬，较稳定地作为物质生活来源，并满足精神需求的工作。

2. 职业分类

职业分类，是指按一定的规则、标准及方法，按照职业的性质和特点，把一般特征和本质特征相同或相似的社会职业，分成并统一归纳到一定类别系统中去的过程。

3. 职业分类的意义

（1）同一性质的工作，往往具有共同的特点和规律。把性质相同的职业归为一类，有助于国家对职工队伍进行分类管理，根据不同的职业特点和工作要求，采取相应的录用、调配、考核、培训、奖惩等管理方法，使管理更具针对性。

（2）职业分类给各个职业分别确定了工作责任以及履行职责及完成工作所需要的职业素质，这就为岗位责任制提供了依据。

（3）职业分类有助于建立合理的职业结构和职工配制体系。

（4）职业分类是对职工进行考核和智力开发的重要依据。考核就是要考查职工能否胜任他所承担的职业工作，考查他是否完成了他应完成的工作任务。这就需要制定出考查标准，对各个职业岗位工作任务的质量、数量提出要求，而这些都是在职业分类的基础上才能加以规定的。职业分类中规定的各个职业岗位的责任和工作人员的从业条件，不仅是考核的基础，同时也是进行培训的重要依据。

4. 职业分类的特性

（1）产业性。一个国家，一个社会，就大的方面可以分为三类产业：第一产业包括农业、林业、牧业和渔业等；第二产业是工业和建筑业，工业中包括采掘业、制造业等；第三产业是流通和服务业。在传统农业社会，农业人口比重最大；在工业化社会，工业领域中的职业数量和就业人口显著增加；在科学技术高度发达和经济发展迅速的社会，第三产业职业数量和就业人口显著增加。

（2）行业性。行业是根据生产工作单位所生产的物品或提供服务的不同而划分的，行业主要是按企业、事业单位，机关团体和个体从业人员所从事的生产或其他社会经济活动的性质的同一性来分类的。可以说行业表示了人们所在的工作单位的性质。

(3) 职位性。所谓职位是一定的职权和相应的责任的集合体。职权和责任的统一形成职位的功能，职权和责任是组成职位的两个基本要素；职权相同，责任一致，就是同一职位。在职业分类中的每一种职业都含有职位的特性。比如大学教师这种职业包含助教、讲师、副教授、教授等职位；再如国家机关公务员包括科级、处级、厅(局)级、省(部)级等职位系列。

(4) 组群性。无论以何种依据来划分职业都带有组群特点。如科学研究人员包含哲学、社会学、经济学、理学、工学、医学等；再如咨询服务事业包括科技咨询工作者、心理咨询工作者、职业咨询工作者等。

(5) 时空性。随着社会的发展和进步，职业变化迅速，除了弃旧更新外，还有同一种职业的活动内容和方式也发生变化，所以职业的划分带有明显的时代性。从大的方面来说，在职业数量较少的时期，职业与行业是同义语，但现在职业与行业是既有联系又有区别的两个概念，在职业划分中，行业一般作为职业的门类。在空间上职业种类分布有区域、城乡、行业之间或者国别上的差别。

5. 职业分类对准备求职者的作用

(1) 为求职者择业时提供参考和有效信息。职业是以做事情为中心，是以多数员工在一定的劳动时间内完成工作任务的多少为标准设置的，职业分类就决定了在一定的社会区域里，同等职业的职位数量和全部职业的职位数量，全部都能精确地计算出来。能够精确具体到工作岗位。

(2) 为求职者确定求职目标提供了条件。职业分类包含了职业的性质、责任和工作的难度还有工作的时间等因素，职业的划分可以准确地划分出同等职业的职责、报酬、待遇的差别，可以明确不同职业和不同职位。

(3) 为每个职位制定了岗位的职责、必备的资格和条件。对于求职者只有充分了解不同职位所要求的资历和要求的各方面的条件，并考量自己的自身职业价值和实际情况，才能准确合理地去寻求合适的职业。

(4) 为学生做好职业生涯规划提供参考。学生在校期间要做好自己的职业生涯规划，对将来从事什么专业或职业需要有比较明确的目标，要根据所选择职业类别的技能以及综合素质要求有针对性地制定提高自己的计划，并付诸实施。

二、职业特征

1. 职业的社会属性

职业是人类在劳动过程中的分工现象，它体现的是劳动力与劳动资料之间的结合关系，其实也体现出劳动者之间的关系，劳动产品的交换体现的是不同职业之间的劳动交换关系。这种劳动过程中结成的人与人的关系无疑是社会性的，他们之间的劳动交换反映的是不同职业之间的等价关系，这反映了职业活动和职业劳动成果的社会属性。

2. 职业的规范性

职业的规范性应该包含两层含义：一是指职业内部的规范操作要求性，二是指职业道德的规范性。不同的职业在其劳动过程中都有一定的操作规范性，这是保证职业活动的专业性要求。当不同职业在对外展现其服务时，还存在一个伦理范畴的规范性，即职业道德。这两种规范性构成了职业规范的内涵与外延。

3. 职业的功利性

职业的功利性也称为职业的经济性，是指职业作为人们赖以谋生的劳动过程中所具有的逐利性一面。职业活动既满足职业者自己的需要，同时，也满足社会的需要，只有把职业的个人功利性与社会功利性相结合起来，职业活动及其职业生涯才具有生命力和意义。

4. 职业的技术性和时代性

职业的技术性指不同的职业具有不同的技术要求，每一种职业往往都表现出一定相应的技术要求。职业的时代性指由于科学技术以及人们生活方式、习惯等因素的变化导致职业打上那个时代的“烙印”性。

三、职业的要素

（1）职业名称：职业的符号特征，它一般是由社会通用的称谓来命名的。

（2）职业主体：从事一定社会分工活动的劳动者，必须具有承担该职业活动所需要的资格和能力。

（3）职业客体：职业活动的工作对象、内容、劳动方式和场所等。

（4）职业报酬：通过职业活动所取得的各种报酬。

（5）职业技术：劳动者在从事职业活动中所运用的自然技术、社会技术与思维技术的总和。

小链接

西方职业的划分

根据西方国家的一些学者提出的理论，在国外一般将职业分为三种类型：

按脑力劳动和体力劳动的性质、层次进行分类。这种分类方法把工作人员划分为白领工作人员和蓝领工作人员两大类。白领工作人员包括：专业性和技术性的工作，农场以外的经理和行政管理人员、销售人员、办公室人员。蓝领工作人员包括：手工艺及类似的工人，非运输性的技工，运输装置机工人，农场以外的工人，服务性行业工人。这种分类方法明显地表现出职业的等级性。

按心理的个别差异进行分类。这种分类方法是根据美国著名的职业指导专家霍兰创立的“人格–职业”类型匹配理论，把人格类型划分为六种，即现实型、研究型、艺术型、社会型、企业型和常规型。与其相对应的是六种职业类型。

依据各个职业的主要职责或“从事的工作”进行分类。这种分类方法较为普遍，以两种代表示例。其一是国际标准职业分类。国际标准职业分类把职业由粗至细分为四个层次，即8个大类、83个小类、284个细类、1506个职业项目，总共列出职业1881个。其中8个大类是：①专家、技术人员及有关工作者；②政府官员和企业经理；③事务工作者和有关工作者；④销售工作者；⑤服务工作者；⑥农业、牧业、林业工作者及渔民、猎人；⑦生产和有关工作者、运输设备操作者和劳动者；⑧不能按职业分类的劳动者。这种分类方法便于提高国际间职业统计资料的可比性和国际交流。其二是加拿大《职业岗位分类词典》的分类。它把分属于国民经济中主要行业的职业划分为23个主类，主类下分81个子类，489个细类，7200多个职业。此种分类对每种职业都有定义，逐一说明了各种职业的内容及从业人员在普通教育程度、职业培训、能力倾向、兴趣、性格以及体质等方面的要求，有较大的参考价值。

小链接

我国职业的划分

我国职业分类，根据我国不同部门公布的标准分类，主要有两种类型：

第一种：根据国家统计局、国家标准总局、国务院人口普查办公室1982年3月公布，供第三次全国人口普查使用的《职业分类标准》。该标准依据在业人口所从事的工作性质的同一性进行分类，将全国范围内的职业划分为大类、中类、小类三层，即8大类、64中类、301小类。其8个大类的排列顺序是：第一，各类专业、技术人员；第二，国家机关、党群组织、企事业单位的负责人；第三，办事人员和有关人员；第四，商业工作人员；第五，服务性工作人员；第六，农、林、牧、渔劳动者；第七，生产工作、运输工作和部分体力劳动者；第八，不便分类的其他劳动者。在八个大类中，第一、二大类主要是脑力劳动者，第三大类包括部分脑力劳动者和部分体力劳动者，第四、五、六、七大类主要是体力劳动者，第八类是不便分类的其他劳动者。

小链接

第二种：国家发展计划委员会、国家经济委员会、国家统计局、国家标准局批准，于1984年发布，并于1985年实施的《国民经济行业分类和代码》。这项标准主要按企业、事业单位、机关团体和个体从业人员所从事的生产或其他社会经济活动的性质的同一性分类，即按其所属行业分类，将国民经济行业划分为门类、大类、中类、小类四级。门类共13个：①农、林、牧、渔、水利业；②工业；③地质普查和勘探业；④建筑业；⑤交通运输业、邮电通信业；⑥商业、公共饮食业、物资供应和仓储业；⑦房地产管理、公用事业、居民服务和咨询服务业；⑧卫生、体育和社会福利事业；⑨教育、文化艺术和广播电视业；⑩科学研究和综合技术服务业；⑪金融、保险业；⑫国家机关、党政机关和社会团体；⑬其他行业。这两种分类方法符合我国国情，简明扼要，具有实用性，也符合我国的职业现状。

其他分类方式：根据不同标准的职业，可有不同的分类方法。如：从行业上划分，可分为一、二、三产业；从工作特点上划分，可分为务实(使用机器、工具和设备的工种)、社会服务、文教、科研、艺术及创造、计算及数学(钱财管理、资料统计)、自然界职业、管理、一般服务性职业等10多种类型的职业。每一种分类方法，对其职业的特定性都有明确解释，这对我们更好地掌握某一职业的特点，去选择适合自身职业具有指导作用。

视野拓展

职位、工作、职业、职业生涯的区别

有关“职位”(Professional Position)、“工作”(Job)、“职业”(Occupation)和“职业生涯”(Career)这几个词的含义在理论上仍然存在着一定程度的争议，不过我们可以大致将它们区别如下：

职位：是和分配给个人的一系列具体任务直接相关的。因此，职位和参与工作的个人相对应，有多少参与工作的个人，就有多少个职位。例如，小张是某俱乐部足球队的前锋。此时强调的是某个单个的人。

工作：是由一系列相似的职位所组成的一个特定的专业领域。例如，同样是“前锋”，如果指足球场上的分工，那就强调的是某一类人的工作。

职业：职业是指工作，但不是随便什么工作都是一个人的职业，作为职业的工作，应该是比较稳定的，能够提供生活来源的工作。如，一个老师，他的职业就是在学校教书育人，偶尔业余时间发表了一篇小说，得了点稿费，也绝对不能说写作是他的职业。

职业生涯(Career)：这个概念的含义曾随着时间的推移发生过很多变化。在20世纪70年代，职业生涯专指个人生活中和工作相关的各个方面。随后，又有很多新的意义被纳入“职业生涯”的概念中，其中甚至包含了生活中关于个人、集体以及经济生活的方方面面。

从经济的观点来看，职业生涯就是个人在人生中所经历的一系列职位和角色，它们和

个人的职业发展过程相联系，是个人接受培训教育以及职业发展所形成的结果。

心理体验活动

活动目的：掌握学习方法，提高学习能力。

活动步骤与要求：将同学分组，每 8 人分为一组，设小组长一名，体验活动在组内进行。根据所学知识就训练资料提出的问题给出解决方案，并说明理由，组内发言并形成文字材料。

阅读下面的文字材料：

我的同学“蚯蚓”

我的一个同学“蚯蚓”，也是我的发小。他的职业规划(不管是有意的还是无意的)很有代表性，因为更多的人现在都处于这种状态中，所以只要仔细观察一下身边的人，就可以找到我这位朋友的影子。

高考之后，我们在不同的地方上大学，每年寒假的时候都会回老家碰头。每一次我都喜欢问他同一个问题：你将来的目标是什么？

得到的答案总是不相同。下面记录的是“蚯蚓”每次谈及目标的原话：

1999 年，高中毕业典礼上：我发誓要当李嘉诚第二！我要当中国首富(好大的口气，真的是跨世纪的人才啊)！

20 岁，春节老同学团聚会上：我想创立自己的公司，30 岁时拥有资产 2000 万(保持着年轻人的朝气，非常好)。

23 岁，在某工厂当技术员，第二职业是炒股：我正在为离开这家厂而奋斗，因为在这里工作太没前途了。我将全力炒股，三年内用 5 万炒到 300 万元(似乎有点实现的可能)。

25 岁，炒股失意而情场得意，开始准备结婚：我希望一年后能有 10 万元，让我风风光光地结婚(现实的想法)。

26 岁，不太风光的结婚典礼上：我想生一个胖小子，不久的将来当个车间主任就行，别的不想了(是不是结婚就会使人成熟)。

28 岁，所在的工厂效益下滑，偏偏正是妻子怀胎十月的时候：我希望这次下岗名单里千万不要有我的名字(这时候我还能说什么)。

从上面材料中的小故事可以看出，我的同学“蚯蚓”显然没有对自己的人生进行合理规划，刚开始的时候当技术员，但他没有去细心研究技术，而是去炒股，想赚到 300 万。后来炒股失败忽而又想当车间主任，最后技术也不是很精通，担心下岗名单中不要有他的名字。他这样一个没有规划的人生，显然是很容易失败的。古语有云：要立长志，不要常立志。选好了方向，就坚持下去，再傻再笨的人也能琢磨出点名堂来，而不是像猴子掰苞米那样，掰一个丢一个。

要求：

1. 你身边有没有类似的朋友？“蚯蚓”的问题在哪里？
2. 结合自己的专业谈谈你对职业的理解和自己的职业理想。
3. 做一个简单的职业规划。

体验活动结果展示

各小组长将本组个人开出并提交的处方资料收齐，并就总体情况做出总结，在全班面前展示，供同学查验，要求有活动过程的介绍、活动后的新的认识。

任务评价

1. 小组活动评价标准

组长负责分配不同的组员去完成任务，组员要开出处方并运用知识说明理由，组长汇总要有具体的情景描述。组长负责组内分数评定：完成任务，得 30 分；如果有漏错等情况，分别给予扣减相应的分值。

（1）态度：服从组长分配，用心完成任务，根据所学知识发现自己的模糊认知，并找到自己问题的症结所在，与小组成员进行讨论，大胆阐明自己的对策和努力方向。

（2）互助与合作：帮助组内其他成员解决问题，与小组成员一起分享观点，分担任务和责任。

（3）倾听：认真倾听他人的观点，并能针对其他成员的交流提出自己的观点与见解。

（4）展示与效果：代表小组发言，能全面、准确地汇报小组共同学习成果。

小组成员评价意见如表 5-1 所示。

表 5-1　小组成员评价表

________小组名称　　　　　　　　　　　　　　　　组长：________

小组成员	态度 10 分	互助与合作 5 分	倾听 5 分	展示与效果 10 分

2. 教师评价标准

教师负责评价每组的任务完成情况，量化评价标准，对工作结果进行评价。总分值最高为 70 分。教师对小组进行评价的标准如表 5-2 所示。

表 5-2　小组学习评价指标

序号	评价指标	分值
1	能在规定时间内小组合作完成活动任务，顺利展示。观点正确，正确运用知识，发现问题恰当，有解决对策，表述逻辑性强	60~70
2	能在规定时间内完成体验任务，能做展示。有自己的观点，表述清楚	50~59
3	获得老师或其他组的帮助能完成工作任务，有展示	40~49

3. 教师点评

教师进行点评时，汇总小组内评价，教师对小组评价后进行总结点评，每个学生最后得分为所在小组分值加上成员评价分值。

学习任务2　了解职业角色

职业角色（Professional Role）是指社会和职业规范对从事相应职业活动的人所形成的一种期望行为模式。简而言之就是人们在一定的工作单位和工作活动中所扮演的角色。

随着社会的发展，职业角色作为一个最重要的社会角色越来越受到人们的关注。职业角色是以广泛的社会分工为基础而形成的一整套权利和义务的规范、模式。由于社会地位是社会角色的内在本质，因此社会地位的多样性也就决定了社会角色的多样性。职业角色作为社会角色的一种类型，除具有社会角色的一般特征外，还具有专门性、盈利性、相对稳定性、合法性和社会性等特征。

> 人，不管是什么，应当从事劳动，汗流满面地工作，他生活的意义和目的、他的幸福、他的欢乐就在于此。
>
> ——契科夫

心灵故事

行业的一面旗帜

几年前，某专家到一家公司做培训，服务对象是50名销售人员。培训前专家了解，这50名销售人员中的49名大概做公司30%的业绩，而有一名冠军销售人员一个人做了公司70%的销售业绩。在培训过程中，专家让服务对象做了一个互动游戏，让这50名销售人员写下自己的角色认知描述。专家最后看到，这个销售明星的自我认定为：我认为我是这个行业的一面旗帜。

心理问题分析：

根据心理学研究，人的行为都是由信念决定的。一般来说，人的信念是分层级的，在特殊环节的条件反射式信念，叫做特殊性信念；大多数情形下应用的信念，叫做普遍性信念；对人影响最深的信念，叫做根本性信念。其中，根本性信念对人的决策和行为能够产生重大影响，是角色认知的根本性信念，即回答“我是谁”这一问题的答案。

在上述案例中，这名销售人员能够创造70%的销售业绩，正是由于他有很高的自我认定，没有把自己定位成普通员工，而是行业的旗帜。因此，职场员工要做好自己的角色定位，它能决定人的一生。

知识导航

一、角色的含义

角色原意是指演员在戏剧或电影、电视剧中所扮演的剧中人物。显而易见，如果把社会作为一个人生的舞台，人的社会角色就是人在社会活动中所扮演的社会人物；同理，人的职业角色就是人在职业这个舞台上所扮演的职业人物。

一个人一生要扮演学生角色、家庭角色、职业角色、社会角色，其中，学生角色是基础，学而后用；起决定作用的是职业角色。只有扮演好自己的职业角色，才能有资本有能力履行家庭角色与社会角色。但不管扮演什么角色，只有事先做好角色定位，才能按照定位调整心态，端正态度，然后付诸行动。

二、正确理解几种角色

1. 学生角色

一个接受教育、储备知识、培养能力的重要阶段，即是“学生”角色阶段。

2. 职业角色

虽然职业角色的个性表现得非常具体，但是千差万别的职业角色却有其共性：具有社会职位和一定职权，相应的职业规范，一定的基础知识和业务能力，履行一定的义务，经济独立。

3. 社会角色

社会角色是指与人们的某种社会地位、身份相一致的一整套权利、义务的规范与行为模式，它是人们对具有特定身份的人的行为期望，它构成社会群体或组织的基础。

我们发现“学生角色”与“职业角色”之间关注点不同，这些不同体现在工作和生活中。同时，学校人是消费价值，换取知识；那么职业人则是创造价值，通过将知识转化为技能，通过技能实现价值的最大化，这就是职业人与学校人最重要的区别。

4. 社会角色和职业角色的区别

同学们通过校园学习，再经过岗前培训，将走向工作岗位，最关心的莫过于怎样才能顺利地在新的工作岗位上干出一番事业；最需要的莫过于怎样更充分地认识自我和积极地适应公司，从而尽快完成从学生角色到职业角色的转换，树立良好的职业形象，建立和谐的人际关系，迈好事业的第一步，为日后的发展奠定良好的基础。从学校人到职业人是一次非常重要的角色转变，同时也是一次人生的跨越。对于刚刚步入社会的学生来讲，这不是一道不可逾越的障碍，而是一道职业生涯助力的跳板。

初入职场都希望能够将自己的所学运用到实际工作中，准备大干一番。然而，在一阵拳打脚踢之后，有人会发现自己不能融入新的集体和环境，甚至终日无所事事，空有一身的力气却无处使。理想和现实之间存在很大的差距，很多人就开始怀疑自我的知识技能和适应能力，工作积极性也受到极大的挫伤。究其原因，主要是这些初入职场的学生们对角色转变不理解，没有迅速转变角色，而导致工作失败。

社会角色和职业角色有什么不同呢？

人的社会角色具有多元化的特点，而人的职业角色则相对简单。从心理学上的角色转换理论来讲，人处在不同的社会地位，从事不同的社会职业（或中心任务），都要有相应的个人行为模式，即扮演不同的社会角色。就像演员在舞台上扮演不同的角色一样，因此，社会角色就是个人在社会关系体系中处于特定的社会地位并符合社会要求的一套个人行为模式。

通常一个人会经常变换自己的角色。这种经常性的由上级到下级、由领导到子女、由学生到老师、由主人到客人等杂乱无章的变换即为角色转换。从事职业（或中心任务）的变化、职务的升迁、家庭成员的增减等，都会产生新旧角色的转换。新旧角色转换的过程中必然伴随着新旧角色的冲突。

三、做好学生角色到职业角色的转变

角色转换是一个艰苦而长期的过程，需要坚持不懈的努力，以积极的姿态来应对这种不适应。事实证明：不同的态度会有不同的结果，积极的态度就会取得良好的效果。我们怎样从学生角色转变到职业角色呢？

在校期间，在做好学生角色的同时，还要自觉地培养自己的职业意识，向职业角色转变。

1. 独立意识

学生角色的经济不独立性及社会责任的不完全性，决定了青少年学生的依恋性。走上工作岗位后，青少年学生已经成为社会认可的具有独立资格的真正的社会人，在生活上要自理，尤其是在工作上要独当一面，承担一定的社会责任。

2. 主人翁意识

毕业生多数要参与生产等实践活动，对所在的单位和部门承担更多的社会责任和义务。一个人工作成绩的好坏，不仅和自己的前途有着密切的关系，而且与单位和部门的兴衰荣辱休戚相关。因此，青少年学生要牢固树立主人翁意识，以国家兴旺、民族强盛和单位发展为己任，立足本职，做好工作。

3. 学习意识

毕业后已经具备了获得职业技能的基础条件，即比较扎实的基础知识和专业知识。但是社会角色的适应过程是一个自我不断学习、不断完善的循序渐进的过程。初到工作岗位，自身的知识量不一定足够大，知识结构并不一定合理，工作起来难免有些左支右绌。因此，青少年学生要根据职业的特点、性质、工作程序及其相互关系，虚心向有经验的技术人员、领导、师傅和同事学习，学习他们观察问题、分析问题和解决问题的方法，不断丰富自己的专业知识，提高自己的专业技能，最终达到自我完善。

小链接

新人如何做好角色定位

人最怕的就是自己不认识自己。作为一个人、一个社会的人，尤其是一个职业的人，最重要的就是要找准自己的角色定位；所以，我们必须学会不时地问一下我们自己“我是谁”？人们不认识自己的主要原因有三：一是将自己的定位过高，高于自己实际可以承担的角色定位；二是定位过低，低于自己实际可以承担的角色定位；三是角色错位，定位与自己实际应当承担的角色不符！

对于广大毕业生来说，如何尽快走好适应角色、进入角色和选择角色的人生三步棋，做好自我心理调适，树立良好的职业形象，建立和谐的人际关系，是他们职场取胜的关键所在。著名职业化教母李绘芳老师总结了以下几点；

一是尽快适应角色步入社会，意味着学生角色向职业角色转化的真正开始。大学生初入职场，被人认可的愿望十分强烈。但从业之初，往往被指派做一些技术含量较低的工作，或被频繁轮岗；曾经是学校里的优等生，如今却只是一名普通员工；学的是热门专业，但却没有获得期望的薪酬和机会。评价标准的差异，期望值的跌落，让许多优秀大学生无所适从。

二是适应角色阶段的心理调适重点在于了解职业角色定义，安心工作岗位，克服心理上的落差感。职业角色是用已掌握的本领，通过具体工作为社会付出，独立作业，以自己的行为承担责任。在这一阶段，应当尽快地从以往学习生活模式中解脱出来，全身心地投入到工作岗位中去。

要动态地看待就业，不论是高才低聘，或是期望值跌落，都不会是永远不变的。真正的人才绝不会被永远埋没。一定要有不怕吃苦做小事的勇气和毅力，荀子说，“不积跬步，无以至千里，不积小流，无以成江海”，对大家应该很有启发。克服工作压力，尽快进入角色。

三是毕业生在校期间学习到的东西毕竟有限，很多知识和能力需要在工作实践中去学习、锻炼和提高。虽然是职场新人，也要对自己的言行负责，因为工作中的任何过失和错误都有可能造成本单位的损失，都可能被人们所指责。可以说，解除工作上的压力是进入角色必不可少的一环。

这一阶段心理调适的重点在于适应工作节奏，提出合理建议和构想，展示自己的潜能，为承担重要工作做好准备。像小学生那样从头学起，虚心向有经验的技术人员、领导和同事学习，不断丰富自己的专业知识，提高专业技能；运用自身掌握的知识去努力解决问题，培养自己的独立见解，逐步具备独立开展工作的能力，更好地承担角色责任；融入集体，建立良好的人际关系；为单位创造效益，做出贡献。

四是熟悉工作、熟悉环境、熟悉行业之后，有必要对目前的工作进行审视。当前流行的说法是“先就业后择业”，这一提法不无道理。客观分析自己对工作的适应情况，对自己的能力进行正确估价，对以后的事业进行规划。在对主客观因素客观分析的基础上，选择既适合自己的个性特点，能激发兴趣爱好，有助于实现人生理想抱负，又能胜任的职业。

小链接

五是选择角色这个阶段心理调适的重点在于：不轻易跳槽，保持平和的心态，切忌攀比，承认个人能力的大小，承认个体差异。如果毕业生目光短浅、眼高手低，稍不如意就一走了之，受损失的不仅是用人单位，更是毕业生本人。另外要善于抓住机遇，只有兢兢业业、踏踏实实工作，才能迈向成功。

小链接

管理者经常会出现错位现象

作为一名管理者，经常会出现错位现象，如果不及时纠正很容易导致发挥不了应有的作用。

错位一：民意代表。

当公司推行新制度时，工作与员工的意见和想法不一致时，代表自己部门的群众意见，与上司谈判。虽然很多时候，出发点是好的，关心下属，反映来自基层的呼声，但由于没有正确认识自己的角色，结果没有履行好自己的职责。

作为上司的代表，对于来自员工的反馈，不应该把自己当做“传话筒”，而应代表公司予以解释和说明。

错位二：向上错位。

自己的“一亩三分地”没有经营好，操心一些本属于高层的事务。作为一名普通管理者应知道一个原则，就是“位置决定观点”，在其位，谋其政。超出职权范围的事情，不能随便议论，该沉默时就要沉默。即使真的有想法和建议，也应通过正常的渠道反馈。

错位三：自由人。

无论在什么场合，想议论谁就议论谁，口无遮拦，随心所欲。

管理者是职务代言人，一言一行，一举一动，都是职务行为，不能把自己等同于一个排球场上的“自由人”。

错位四：痴迷技术。

很多管理者都是技术出身，有的是行业技术，有的是专业技术，例如质量管理、项目管理等。到了管理岗位，还是把自己定位在以前的专业，习惯做自己喜欢做的事，而不是必须做的事。有句话说得很好：要试着把自己喜欢做、擅长的事交给下属做，这样既可以培养、锻炼下属，又可以腾出时间思考真正应该思考的事。

错位五：事必躬亲。

习惯于自己做事，不习惯或没有意识到安排别人去做。这样做只有一个结果：自己累死，别人闲死，于人于己都不好，整体效率低下。

小链接

错位六：老好人。

作为一名管理人员，最重要的一点就是能够坚持原则。当发生冲突时坚持原则，不能以牺牲原则为代价，换取所谓的“一团和气”。

错位七：官僚主义。

管理者是管理事务的管，而非“官”。是员工的合作伙伴，而非“高人一等”。

对于一个管理者而言，任何时候你都是大家关注的焦点。你的一举一动都会传递出各式各样的信号，而周围的人也会因此而做出各种不同的解读和应对，管理就是这样一个人际互动的过程。

所有者绝对是基于利益定位的，但人力资源管理者必须尽其全力让其接受：只有公司的人力资本进行角色定位，才能建立自己长期的核心优势，才能有长远的利益。所有者个人可以按照利益定位，但相对于公司的角色定位原则来说，所有者只能是所有者的角色，不能直接干管理，例如，强加某位亲属于高管层。

你的组织是角色定位的组织吗？要正确做出判断，就回到最初的问题：在一个公司中，你认为总经理和一般基层员工一样重要吗？只有答“是”，才是一种纯意义上角色定位文化，那时，我们看到的将是这样一种现象：组织每个角色各司其职，各修其绩。但是，这只是一种理想主义，要实现全体员工都是不可代替的角色，几乎是不可能的。

要实现角色定位的人力资源文化，作为人力资源经理，我们只能从管理层开始，打造角色组合。首先是管理高层形成一个优秀的互补组合，然后逐步细化：根据公司的使命，部门主管逐步优化角色能力，然后，部门主管在人力资源部门的配合下，努力将部门团队打造成优势组合，努力帮助每个成员实现角色定位。

必须注意的是：这一过程必须完全按照“能力-绩效角色双轨制”和配套的规划、激励、培训、考评体系进行，不符合要求的角色，必须按考核淘汰，包括高层人员。这样才能打造出卓越的角色组合。

如果不按照角色原则，就有可能向其他类型的定位蜕变，特别是容易向权力定位蜕变。如，合伙创业型的企业其创业团队是一个优秀角色组合，但很容易走向一种人们眼中的“准家族”企业：当某一角色到某个发展阶段不再适合时，他却因为是创业人和既得利益者仍然拥有最大利益和最大权力位置，新角色很难进入这一组合，人力资本的优化由此停顿。

因为缺乏角色原则对其进行淘汰——很多人是不会有自知之明退到董事行列并让出一部分既得利益的，有的会安排“角色”代替自己。这就不是角色定位，而成了权力定位。权力的更替存在“解体”或“代替”，权力斗争很可能在此过程瓦解了组织；而角色的更替只存在“接任”，如总统制，他根据的是角色原则(体制)，而不是原所有者和权利者的意志，这是角色定位和权力定位的区别。

小链接

出现角色错位的情况较多，一个人在不同的时期、不同的职业阶段都会出现这种情况，例如，一名销售助理在协助领导做完一次年度营销规划后就认为自己具备了战略规划的能力；于是在后期的工作过程中，看到了很多自己解决不了的东西或者企业做得不尽完美的地方，就凭空地发牢骚、议论，认为某件工作应该如何如何做，把自己由一个执行者的角色定位为一个“战略规划者”，这就是一种角色错位！

一个人必须学会认识自我，学会在不同的阶段实施自己检讨与发问，多问几遍“我是谁”！在自己晋级的时候要问，在自己经过一次较高层次的培训后要问，在自己成功的时刻要问，在自己受挫的时候也要问。

心理体验活动

活动目的：清楚职业角色的含义，提高对职业角色的认识。

活动步骤与要求：将同学分组，可以5~8人为一组，每组设小组长一名，体验活动在组内进行。

根据所学专业和自己的职业生涯规划，模拟成立公司，扮演公司相应的角色，设计完成相应的业务。

1. 写出工作预案及总结，互相评价。
2. 总结自己的心得体会。

体验活动结果展示

各小组长将本组个人开出并提交的处方资料收齐，并就总体情况做出总结，在全班面前展示，供同学查验，要求有活动过程的介绍、活动后的新的认识。

任务评价

1. 小组活动评价标准

组长负责分配不同的组员去完成任务，组员要开出处方并运用知识说明理由，组长汇总要有具体的情景描述。组长负责组内分数评定：完成任务，得30分；如果有漏错等情况，分别给予扣减相应的分值。

（1）态度：服从组长分配，用心完成任务，根据所学知识发现自己的模糊认知，并找到自己问题的症结所在，与小组成员进行讨论，大胆阐明自己的对策和努力方向。

（2）互助与合作：帮助组内其他成员解决问题，与小组成员一起分享观点，分担任务和责任。

（3）倾听：认真倾听他人的观点，并能针对其他成员的交流提出自己的观点与见解。

（4）展示与效果：代表小组发言，能全面、准确地汇报小组共同学习成果。

小组成员评价意见如表5-3所示。

表 5-3　小组成员评价表

________小组名称　　　　　　　　　　　　　　　　　　　　　　　　　　　组长：________

小组成员	态度 5 分	互助与合作 10 分	倾听 5 分	展示与效果 10 分

2. 教师评价标准

教师负责评价每组的任务完成情况，量化评价标准，对工作结果进行评价。总分值最高为 70 分。教师对小组进行评价的标准如表 5-4 所示。

表 5-4　小组学习评价指标

序号	评价指标	分值
1	能在规定时间内小组合作完成活动任务，顺利展示。观点正确，正确运用知识，发现问题恰当，有解决对策，表述逻辑性强	60~70
2	能在规定时间内完成体验任务，能做展示。有自己的观点，表述清楚	50~59
3	获得老师或其他组的帮助能完成工作任务，有展示	40~49

3. 教师点评

教师进行点评时，汇总小组内评价，教师对小组评价后进行总结点评，每个学生最后得分为所在小组分值加上成员评价分值。

学习任务3 应对职业压力

职业压力(Occupational Stress)在个体身上造成的后果可以是生理的、心理的，也可以是行为方面的。职业压力引起的生理反应有心血管疾病、胃肠失调、呼吸系统问题、癌症、关节炎、头痛、身体损伤、皮肤机能失调、过度疲劳以及死亡；职业压力引起的心理反应则有焦虑、沮丧、不满、厌倦、心理疲惫、不良情感、机能不全、自重程度低、自我疏忽、精神疾病、愤懑、压抑以及注意力无法集中。职业压力会给个体的幸福与安宁带来负影响。不同的人对职业压力也会有不同的反应。

> 思想可以使天堂变成地狱，也可以使地狱变成天堂。
>
> ——法国作家 雨果

心灵故事

刘超是新入职某公司财务处的一名应届大学毕业生，在工作中她觉得力不从心，很多看起来很简单的事情，她做起来却很吃力，而且频频出错，除此之外她发觉自己在大学学的知识根本用不到实际工作中去。她不禁对自己的能力以及专业知识水平产生了怀疑，渐渐地做事越来越没有了自信，甚至害怕去上班，害怕领导交代她做事，每天的情绪都处于低落状态，甚至想到了辞职。

心理问题分析：

刘超的压力主要来源于对工作业务不熟悉所产生的焦虑、自卑、紧张和怠工。

公司在新员工岗前培训中应该关注细节，让新员工能够尽快地融入进来。所在部门领导应该细致关怀和帮助新员工的成长，让其感受到工作中的温暖，同时告知刚进入职场的员工，初期的不适应、感觉到难胜任都是正常的。要多对新入职的员工进行鼓励，少批评指责。作为新入职的员工刘超，应该学会自我调节，培养自身的抗压能力，平时可以多向有经验的老员工请教，和同事和睦相处，也可多听听舒缓的音乐，看看积极向上的书籍。

知识导航

一、职业压力及造成职业压力的原因

1. 职业压力

职业压力是指当职业要求迫使人们做出偏离常态机能的改变时所引起的压力。

2. 造成职业压力的原因

（1）工作部门的组织特点。高度的集权化、形式化和专业化，由于晋升机会少而造成的不公平待遇，频繁调动工作岗位，上下级或同事间的沟通不畅，工作任务分配导致的冲突，对工作情况缺少足够的反馈等。

（2）工作环境。许多学生向往在抬眼就能看到蓝天白云的高级写字楼里工作。殊不知，长期在这样的环境下工作的白领们却渴望逃离。国外研究证实，办公楼环境是一种无形的环境压力，封闭的场所会使人精神紧张、容易疲倦。这些无形的压力也会造成紧张和不适。

（3）人际关系。每个单位都存在复杂的人际关系。下属对上级授权的误解；同事之间互不信赖；领导方式偏误引起工作氛围不和睦等。身在其中，只觉得心里疲劳，特别是在应对这些关系当中，不得已的行为和自己的价值系统发生矛盾时，它们是否会给你的心理上带来冲突和迷茫？具体表现为：缺少认知、信任，不断的竞争和冲突等。

（4）工作负荷。长年累月的工作，超负荷的运转，以及新知识的飞速更新，要求你不断应对、补充以及尽快掌握的时候，特别是当你不幸遇到一个不是那么通情达理的上司，并要求你在很短时间内完成很多任务的时候；抑或当你的家庭也需要你的付出，爱人、孩子都牵扯着你的精力时；当又一批年轻人进入公司，和你并肩竞争某项任命的时候，这些叠加的压力下，你将如何选择？又将如何调试你的心情？

（5）职位升迁。当你业绩突出，被破格连升两级的时候，心理负担的压力紧跟着成倍递增。因为职业发展太顺利，同时面临方方面面的问题太多，甚至超出了自己掌控的能力，怀疑自己是否真正胜任，心理负担沉重；另一种可能是僧多粥少，眼前只有一个升迁名额，偏偏再次旁落，你感到被人忽视的压抑，对工作目标充满迷惘。

（6）自信心的缺乏。对自己的相貌、举止、学识、财富、与人应对的能力等，持怀疑态度。

综上所述，可列为职业压力的诱因非常之多。在这些因素中，有许多是工作性质本身造成的，因而也是无法避免的。但是，工作环境中的许多恶劣条件是可以通过人们共同努力去加以改善的。因此，在某种意义上说，职业压力是可以通过管理或者控制加以消除的。而且，个人在工作中也可以运用各种策略努力与职业压力所造成的或预料会造成的后果进行抗争。

二、应对职业压力

随着社会的进步，职场人所面对的职场压力越来越大，在各种压力下不仅会造成情感上的波动，而且会对身体健康带来不良影响，进而波及到自身家庭乃至社会。

1. 形成正确认识

首先，要对压力有正确的认识。认识到压力的本质是什么？认识到压力的必然性与必要性。尤其是不仅要认识到它的消极面，还要认识到它的积极面。其次，正确评估自己、接受自己。不要过高地把自己定位于无所不能，也不要因为一点挫折就把自己看得一无是处。

2. 改变自己个性不足

过分追求完美，工作中对人对己十分苛刻，都是造成痛苦的根源。要学会永远保持一颗平常心，不要把目标定得高不可攀，凡事量力而行，随时调整目标也未必是弱者的表现。

3. 调整好心态

凡事应从积极的方面去理解，乐观与悲观可以说是人们给自己解释成功与失败的两种不同方法。乐观者把失败看做是可以改变的事情，这样，他们就能转败为胜，获得成功；悲观者则认为失败是其内部永恒的特性所决定的，他们对此无能为力。这两种迥然不同的看法对人们的生活质量有着直接的、深刻的影响。

4. 提高适应环境的能力

我们正处在一个竞争激烈的现代社会，这是一个适者生存的世界。这个环境中肯定有许多不公平、不合理、不适应、不近人情之处，但对个体来说，这个环境又是不可更改的事实前提。我们只能学会适应和适时调整自己，而不能抱怨自己运气不佳或遇人不淑，这些怨气只会增加负性的能量，而于事无补。

5. 发展一些个人的爱好

（1）学会分解、传递压力。要学会把压力分解、传递到你所在的团队的其他人身上。这不是推诿，什么事都是你一人做、一人担，别人也只好袖手旁观了，形成习惯，你的压力会更大。

（2）合理安排时间，分清不同工作的轻重缓急，有效分配各项工作所占的比例。

（3）学会休息和放松，掌握一定的减压技巧，适当参加体育运动。

小链接

面对职场压力十步棋

压力，突出表现在对明天和将来的焦虑和担心。而职场压力主要是来源于对工作的不满意。所以职场人士首先需要解决的是从事自己感兴趣的工作，当你从事自己喜欢的工作之后，接下来你需要面对的就是适应职场了。

当你面对职场压力时，学会下面“十步棋”，一定可以变压力为动力，消压力于无形。

第一步，精神超越——价值观和人生定位。

自我的人生价值和角色定位、人生主要目标的设定等，简单地说就是：你准备做一个什么样的人，你的人生准备达成哪些目标。

这些看似与具体压力无关的东西其实对我们的影响却总是十分巨大，对很多压力的反思最后往往都要归结到这个方面。卡耐基说：“我非常相信，这是获得心理平静的最大秘密之一。”

第二步，心态调整——以积极乐观的心态拥抱压力。

我们要认识到危机即是转机，遇到困难，产生压力，一方面可能是自己的能力不足，因此整个问题处理过程，就成为增强自己能力、发展、成长重要的机会；另外也可能是环境或他人的因素，则可以理性沟通解决，如果无法解决，也可宽恕一切，尽量以正向乐观的态度去面对每一件事。如同有人研究所谓乐观系数，也就是说一个人常保持正向乐观的心，处理问题时，他就会比一般人多出20%的机会得到满意的结果。

因此正向乐观的态度不仅会平息由压力而带来的紊乱情绪，也较能使问题导向正面的结果。

第三步，理性反思——自我反省和压力日记。

理性反思，积极进行自我对话和反省。对于一个积极进取的人而言，面对压力时可以自问，“如果没做成又如何?”这样的想法并非找借口，而是一种有效疏解压力的方式。但如果本身个性较容易趋向于逃避，则应该要求自己以较积极的态度面对压力，告诉自己，适度的压力能够帮助自我成长。同时，记压力日记也是一种简单有效的理性反思方法。它可以帮助你确定是什么刺激引起了压力，通过检查你的日记，你可以发现你是怎么应对压力的。

第四步，建立平衡——留出休整的空间，不要把工作上的压力带回家。

我们要主动管理自己的情绪，注重业余生活，不要把工作上的压力带回家。留出休整的空间，与家人共享时光，交谈、倾诉、阅读、冥想、听音乐、处理家务、参与体力劳动都是获得内心安宁的绝好方式，选择适宜的运动，锻炼忍耐力、灵敏度或体力……持之以恒地交替应用你喜爱的方式并建立理性的习惯，逐渐体会它对你身心的裨益。

小链接

第五步，时间管理——关键是不要让你的安排左右你，你要自己安排自己的事。

工作压力的产生往往与时间的紧张感相生相伴，总是觉得很多事情十分紧迫，时间不够用。解决这种紧迫感的有效方法是时间管理，关键是不要让你的安排左右你，你要自己安排自己的事。在进行时间安排时，应权衡各种事情的优先顺序，要学会“弹钢琴”。对工作要有前瞻能力，把重要但不一定紧急的事放到首位，防患于未然，如果总是在忙于“救火”，那将使我们的工作永远处于被动之中。

第六步，加强沟通——不要试图一个人就把所有压力承担下来。

平时要积极改善人际关系，特别是要加强与上级、同事及下属的沟通，要随时切记，压力过大时要寻求主管的协助，不要试图一个人就把所有压力承担下来。同时在压力到来时，还可采取主动寻求心理援助，如与家人朋友倾诉交流、进行心理咨询等方式来积极应对。

第七步，提升能力——疏解压力最直接有效的方法是设法提升自身的能力。

既然压力的来源是自身对事物的不熟悉、不确定感，或是对于目标的达成感到力不从心所致，那么，疏解压力最直接有效的方法，便是去了解、掌握状况，并且设法提升自身的能力。通过自学、参加培训等途径，一旦“会了”“熟了”“清楚了”，压力自然就会减低、消除，可见压力并不是一件可怕的事。逃避之所以不能疏解压力，是因为本身的能力并未提升，使得既有的压力依旧存在，强度也未减弱。

第八步，活在今天——集中你所有的智慧、热忱，把今天的工作做得尽善尽美。

压力，其实都有一个相同的特质，就是突出表现在对明天和将来的焦虑和担心。而要应对压力，我们首要做的事情不是去观望遥远的将来，而是去做手边的清晰之事，因为为明日做好准备的最佳办法就是集中你所有的智慧、热忱，把今天的工作做得尽善尽美。

第九步，生理调节——保持健康，学会放松。

另外一个管理压力的方法集中在控制一些生理变化，如：逐步肌肉放松、深呼吸、加强锻炼、充足完整的睡眠、保持健康和营养。通过保持你的健康，你可以增加精力和耐力，帮助你与压力引起的疲劳进行斗争。

第十步，日常减压。

以下是帮助你在日常生活中减轻压力的10种具体方法，简单方便，经常运用可以起到很好的效果：

1. 早睡早起。在你的家人醒来前一小时起床，做好一天的准备工作。
2. 同你的家人和同事共同分享工作的快乐。
3. 一天中要多休息，从而使头脑清醒，呼吸通畅。
4. 利用空闲时间锻炼身体。
5. 不要急切地、过多地表现自己。
6. 提醒自己任何事不可能都是尽善尽美的。
7. 学会说“不”。
8. 生活中的顾虑不要太多。
9. 偶尔可听音乐放松自己。
10. 培养豁达的心胸。

心理体验活动

试做心理医生

活动目的：保持健康心理，提高应对职业压力的能力。

活动步骤与要求：将同学分组，每 8 人分为一组，设小组长一名，体验活动在组内进行。可以轮流扮演患者和心理医生，根据所学知识给出解决方案，并说明理由。

案例资料

富士康跳楼的员工出现了什么心理问题？

据《华尔街日报》消息，8 月 18 日上周四早上，一名 31 岁的男性工人在结束 iPhone 装配线的夜班工作之后，爬上富士康位于河南郑州的 L03 厂房顶楼，跳楼自杀。他在这里上班仅一个月时间。

第二天也就是 8 月 19 日，另一名富士康员工与列车相撞身亡。当天倾盆大雨淹没了地下通道，这名员工为了赶去上班，翻越栅栏横穿铁道，遭遇不幸。

富士康对这两位员工表示了哀悼，并称正在配合有关调查。

苹果也发表声明称，将进一步了解工人死亡的有关情况，并进行调查，同时苹果重申，始终致力于装配工人福祉，并不断监控工厂工作条件，以确保其符合苹果的严格标准。

上周末，有十几位富士康员工接受了采访，都希望了解自杀事件的详情。他们说，这是在工厂加大 iPhone 生产、工人面临紧张压力的情况下发生的。

现在的社会压力是很大的，社会竞争也越来越大，很多人都要承受各方面的压力，不仅是工作方面，家庭、感情、经济、人际关系方面，若是出现了问题，就容易影响自己的心理健康，尤其是性格孤僻的人，他们往往都有想不开的心理，容易出现自杀行为。那么，有自杀动机的人都有哪些心理呢？

（1）厌世感。有很多的人，感觉到怀才不遇，没有办法跟其他的人正常交流，感觉很多的事情对自己不公平，不能受到公正的待遇，而且自己往往又无能为力，感觉很自卑，低人一等，学习生活没有乐趣，他们会自认为比别人差，自己属于多余的人。

（2）极乐感。有很多的人，在择偶方面、恋爱方面会受到其他人的干扰，不能跟自己喜欢的人在一起，或者婚后婚姻不美满，所以，他们感觉现实跟自己的想象不一样，感觉生不如死，想去极乐世界。

（3）罪孽感。也有一些人，平时因为自己的行为不端，伤害过其他的人，感觉到自己罪行累累，所以，在被发现或者是被抓之前，会做出畏罪自杀的举动。

（4）冲动感。生活中有很多的人，性格比较急，容易冲动，比如父子之间、夫妻之间、同事之间、邻里之间，遇到了问题之后，很难消气，自认为自己丢人，让自己没面子，所以因为一时的气不过、一时的冲动，会造成自杀的举动。

（5）失落感。我们都知道，人都是有自尊心的，若是自尊心受到影响，很多人就想不开，比如工作屡遭失败、考试名落孙山、感觉到自尊心受损、任何其他的人看不起自己。尤其是高考的学生，在看到高考成绩之后，很多学生会因为一时想不开而自杀。

(6) 内心矛盾。死亡对自杀者是既可怕又有吸引力的事。现实生活中许多有形无形的困难可以在死亡的幻想中得以解决和满足。但死亡毕竟是可怕的，自杀者一面想解脱，一方面又向他人求助。

(7) 偏差认知。企图自杀者的知觉常因情绪影响而变得歪曲，表现为“绝对化”或“概括化”或两者交替。“绝对化”是指对任何事物怀有认为其必定如此的信念；“概括化”指以偏概全、以一概十的不合理思维方式，常常使人过分偏注某项困难而忽略除死之外的其他解决方法。

(8) 死亡概念模糊。企图自杀的青少年对死亡的概念比较模糊，部分甚至认为死是可逆的、暂时的，因此对自杀的后果没有充分估计。

相关评论：

那些跳楼的人，我敢肯定他们没有接受过良好的教育，读了这么多年书，却一直是为了分数而读。然后就是性格的问题，不肯去多与人交流，这也是多数90后的共同点，受到一点小小的委屈就受不了。还有就是价值观问题，有的人是为了赔偿金而跳下去，例如有一个人写的遗书就是说要家里人别伤心，说公司会赔钱的。

要求：针对上述问题从心理矫正方面开出处方。

体验活动结果展示

各小组长将本组个人开出并提交的处方资料收齐，并就总体情况做出总结，在全班面前展示，供同学查验，要求有活动过程的介绍、活动后的新的认识。

任务评价

1. 小组活动评价标准

组长负责分配不同的组员去完成任务，组员要开出处方并运用知识说明理由，组长汇总要有具体的情景描述。组长负责组内分数评定：完成任务，得30分；如果有漏错等情况，分别给予扣减相应的分值。

(1) 态度：服从组长分配，用心完成任务，根据所学知识发现自己的模糊认知，并找到自己问题的症结所在，与小组成员进行讨论，大胆阐明自己的对策和努力方向。

(2) 互助与合作：帮助组内其他成员解决问题，与小组成员一起分享观点，分担任务和责任。

(3) 倾听：认真倾听他人的观点，并能针对其他成员的交流提出自己的观点与见解。

(4) 展示与效果：代表小组发言，能全面、准确地汇报小组共同学习成果。

小组成员评价意见如表5-5所示。

表 5-5　小组成员评价表

______小组名称　　　　　　　　　　　　　　　　　　　　组长：______

小组成员	态度 5 分	互助与合作 10 分	倾听 10 分	展示与效果 5 分

2. 教师评价标准

教师负责评价每组的任务完成情况，量化评价标准，对工作结果进行评价。总分值最高为 70 分。教师对小组进行评价的标准如表 5-6 所示。

表 5-6　小组学习评价指标

序号	评价指标	分值
1	能在规定时间内小组合作完成活动任务，顺利展示。观点正确，正确运用知识，发现问题恰当，有解决对策，表述逻辑性强	60~70
2	能在规定时间内完成体验任务，能做展示。有自己的观点，表述清楚	50~59
3	获得老师或其他组的帮助能完成工作任务，有展示	40~49

3. 教师点评

教师进行点评时，汇总小组内评价，教师对小组评价后进行总结点评，每个学生最后得分为所在小组分值加上成员评价分值。

学习任务 4　克服职业倦怠

职业倦怠（Burnout）指个体在工作重压下产生的身心疲劳与耗竭的状态。最早由 Freudenberger 于 1974 年提出，他认为职业倦怠是一种最容易在助人行业中出现的情绪性耗竭的症状。随后 Maslach 等人把对工作上长期的情绪及人际应激源做出反应而产生的心理综合征称为职业倦怠。一般认为，职业倦怠是个体不能顺利应对工作压力时的一种极端反应，是个体伴随于长时期压力体验下而产生的情感、态度和行为的衰竭状态。

你若要喜爱你自己的价值，你就得给世界创造价值。

——歌德

心灵故事

小王，男，25 岁，2010 年从上海应用技术大学游戏软件制作开发专业毕业，毕业后进入一家软件公司上班。由于刚毕业，对工作充满热情，拼命工作，一开始只是偶尔加班一两个小时，慢慢变成整个礼拜都加班，最后甚至连周末休息时间都加班。渐渐地，他感觉自己压力很大，认为自己的工作对公司已经没有什么贡献，所以思考自己是否应该要换一份工作。

心理问题分析：

小王毕业那年，由于成绩优秀直接被这家软件公司所录用，由于工作努力、认真，实习时间也相对比其他应届毕业生短，而被录取。所以就觉得自己更应该在工作上有所作为，从而导致加班的时间越来越长，最后连休息时间也没有了，时间一长，对自己的工作就产生了反感。

小王在工作中感觉特别累，压力特别大，对工作缺乏冲劲和动力，对工作的新鲜感降低，总是被动地完成自己分内工作等一些表现，就是职业倦怠的表现。职业倦怠是指职业者在紧张与忙碌的日常生活及工作中，生活上及工作中的情绪感受会随着大环境的变动而呈现出一种身心紧张或调试不当的负面行为。职业倦怠从某种程度上，更多的是心理倦怠、心理疲乏。

经过了解，小王对自己的专业还是存有热情的，只是长时间的加班导致自己身心两方面都感觉疲乏，所以建议小王不要把来自办公室的成绩看成真正的成功，这种只会导致自己一旦工作遇到一点挫折就受不了。应该注意安排自己平时的休息时间，把自己的爱好和业务活动当作本职工作一样认真对待，就容易保持一种积极向上的态度。这样即使在工作中有所不快时，也可以从兴趣爱好中找到一种平衡。

相信小王在合理安排好自己生活和工作两边的天平后，职业倦怠感也会有所降低，对工作的热情和动力会慢慢上升。所以小王不要急于换工作，而是应该积极正视问题，用积极的心态和方法克服疲倦。

知识导航

一、职业倦怠

1. 职业倦怠的概念

“职业倦怠症”又称“职业枯竭症”，它是一种由工作引发的心理枯竭。职业倦怠现象，是上班族在工作的重压之下所体验到的身心俱疲、能量被耗尽的感觉，这和肉体的疲倦劳累是不一样的，而是源自心理的疲乏。一个人长期从事某种职业，在日复一日重复机械的作业中，渐渐会产生一种疲惫、困乏，甚至厌倦的心理，在工作中难以提起兴致，打不起精神，只是依仗着一种惯性来工作。

2. 职业倦怠表现症状

职业倦怠最常表现出来的症状有三种：

(1) 对工作丧失热情，情绪烦躁、易怒，对前途感到无望，对周围的人、事物漠不关心。

(2) 工作态度消极，对服务或接触的对象越发没耐心、不柔和，如教师厌倦教书，无故体罚学生，或医护人员对工作厌倦而对病人态度恶劣等。

(3) 对自己工作的意义和价值评价下降，常常迟到早退，甚至开始打算跳槽甚至转行。

3. 职业倦怠分类

职业倦怠一般包括以下三方面：

(1) 情感衰竭：指没有活力，没有工作热情，感到自己的感情处于极度疲劳的状态。这是职业倦怠的核心维度，并具有最明显的症状表现。

(2) 去人格化：指刻意在自身和工作对象间保持距离，对工作对象和环境采取冷漠、忽视的态度，对工作敷衍了事，个人发展停滞，行为怪僻，提出调度申请等。

(3) 无力感或低个人成就感：指倾向于消极地评价自己，并伴有工作能力体验和成就体验的下降，认为工作不但不能发挥自身才能，而且是枯燥无味的烦琐事物。

二、为什么会产生职业倦怠？

1. 个人因素

有些人是理想及完美主义者，经常为自己制定很高的目标，通过狂热的工作来达到目标。但有的时候由于目标过高，非自己能力所及，或是自我要求过高，长此以往，工作非但不能带来愉快，反而经常体验挫折。此外，还有超负荷的工作量和额外的工作，社会变迁和革新所带来的适应不良，家庭和职场多重角色带来的冲突等，都会引发职业枯竭。如果一个人本已处在这种压力之下，又得不到领导、同事的配合，同时缺乏家人、朋友的支持，只是一个人默默承受，则有可能在倦怠的泥潭里越陷越深。

2. 环境因素

某些职业的工作负荷量很大，且需要工作者付出大量的脑力和情感，如教师、医护人员、警察、心理咨询师和新闻从业人员，因此这类职业的工作者也就成为容易出现职业枯竭的高危人群。此外，工作不能提供给个体想要的东西，或是薪酬等物质层面的东西，或是成就感等心理层面的东西，也会导致闷闷不乐。还有一些人，他们工作清闲，报酬也不差，他们却觉得毫无乐趣，觉得体现不出自我的价值。有的人长时间地从事一项一成不变、没有任何新意的工作，也会导致职业枯竭。

3. 社会因素

社会竞争越来越激烈，生活节奏变得越来越快，也是产生职业枯竭的原因之一。

职场就像是达尔文笔下的原始丛林，强者生存，弱者淘汰，不进则退。许多人都感受到了深深的危机感。可如果仅凭实力说话还好些，一些明争暗斗使得人际关系越来越复杂，一不小心就会碰到一个雷区，长年身处这样一个硝烟弥漫的场所，很难不产生排斥的心理。

此外，管理者与员工沟通不足、做决策不征求员工意见、政策不灵活、福利待遇不佳等，会加剧员工职业枯竭的程度。角色冲突、工作过量、工作气氛、决策参与和同事支持是影响职业枯竭的重要组织因素，角色混乱、缺乏上级支持在这种因果关系中也很重要。组织文化因素和环境，如责任定义不明确、规则模糊、可用资源不足、工作条件禁闭、缺乏隐私都会对员工心理造成不利的影响。

三、克服职业倦怠

(1) 进行认知调节，校正自我认知，放弃不恰当、不客观的期望目标，建立合理的职业期望，同时赋予工作以“意义”感。

追求高个人成就，对事情精益求精，做事力求完美自然会帮助我们在职场中取得更高的成就，但我们应注意“过犹不及”，对事情结果期望值如远远超出客观情况很容易使我们产生挫败感，从而导致职业倦怠的发生。此外，“意义”赋予了每件事情以价值，但是不要再问你的工作有什么意义，需要被质问的人正是你自己，你打算赋予你的工作什么样的意义？别再问生活能给你什么，而是要问你要给生活赋予什么？其实快乐的秘诀，不是做自己喜欢的事，而是去喜欢自己做的事。

(2) 通过放松训练、角色认知训练等行为训练，通过学习时间管理等课程有效降低职业倦怠感。

放松训练是指使身体的肌肉从紧张状态松弛下来，从而达到身心放松的一种训练过程。放松有两层意思：一是肌肉的松弛，二是心理的松弛，即消除紧张情绪。放松训练大致有三种类型：深呼吸放松法、想象放松法和由紧到松的放松训练。放松训练能够有效帮助我们降低职业倦怠感(详见“小贴士”)。角色认知训练，让受训人员进入情境，扮演相应角色，深化受训人员对所要充当角色的体会和认识也是减少职业倦怠的有效措施。时间管理，有效的时间管理将事情分为轻重缓急，哪些是必须自己做的，哪些别人可以提供资源或支持，在那些必须由你做的事情中，分清哪些紧急，哪些可以稍后再做。同时充分利用时间管理的外部手段如即时贴、甘特图等提高工作效率，能够有效减少职业倦怠。做工作的时候一定不要妄图一下子把全部工作做完。

(3) 进行情绪管理，良好的心态是减少职业倦怠感的有效措施。

管理好自己的情绪，先处理心情，再处理事情，不失为应对工作倦怠的有效方法。做一个 EQ 高的人并不难，只要你每天早上起床就给自己一个积极的暗示，“今天一切都会好的”，就能帮助自己有效减低职业倦怠感！20 世纪 90 年代丹尼尔·戈尔曼提出了情绪智力的概念，他认为情感智力包含五个主要方面：

① 认识自己情绪的能力；

② 妥善管理情绪的能力；

③ 自我激励的能力；

④ 认识他人情绪的能力；

⑤ 管理人际关系的能力。

认识情绪智力，学习提高情绪智力的技巧，能够有效帮助我们减少职业倦怠感。

(4) 矫正归因偏差，积极应对压力。

每个人都在职场中遭遇着这样或者那样的挫折和压力，但不是所有人都会选择听天由命、自我放逐。这其中最大的区别在于每个人对自己困境的解释和归因不同。

客户怎么这么弱智？领导怎么这么阴险？工作怎么这么无趣？

每个问题都是指向别人或者环境。指责让错误变成别人的，同时改正错误的责任也交给了别人，我们不仅成了受害者，还只能被动地承担，于是再也没有了改变的动机，也放弃了对自己的责任。

不妨学会转换一下那些让你越来越绝望和无力的问题，不再执着于——为什么他们对我这么不公平？试一试我怎样做才是对自己公平的？

接纳而不是抱怨和绝望于工作的不完美，你才能真正从束缚中解放，此时新的行动和选择才有了可能。

(5)劳逸结合。有研究表明，每天多睡一、两个小时能明显改善压力下的情绪反应，最有效的休息是从事自己感兴趣的活动，兴趣爱好不仅能够让我们感受到过程的快乐，还能增加我们的成就感和对生活的掌控感，哪怕只有一个小时。另外，适度的锻炼，例如游泳、长跑等，能够增加人体内啡肽的分泌，提高个体的快乐因子，能够有效降低职业倦怠。

(6) 寻求支持。寻找亲朋好友的帮助，寻找人际网络支持。广泛的人际网络不仅可以满足我们对安全感、自尊感、价值感和意义感的需要，而且能提高自信，使我们充实而丰富，产生满足的幸福感和自我实现感，增强应对挑战和创新的能力，从而使我们在亲情、友情、爱情、恩情等和谐、温馨的环境中，稳定心态，调节情绪，克服倦怠。另外，一些消极情绪如愤怒、挫折等及时倾诉，得到发泄，对缓解职业倦怠感是必要的。家庭是放松的场所，也是能量再生之地，对于职业倦怠的缓冲非常重要，然而一些职场人士时常将家庭和工作错位，经常把大量工作带回家，与家庭成员间缺乏必要的沟通，影响了家庭关系，也把自己搞得筋疲力尽。因此，做好家庭与工作的平衡是有效建立社会支持系统、缓解职业倦怠的重要一环。

职业倦怠虽然令人心力交瘁、备感痛苦，但它并不是世界的尽头，它只是人生的一个交叉路口，如果选择得当，你或许就能找到人生新的方向，不但能将危机化为转机，而且还能将转机变为再一次成长的契机。很多时候，让我们对工作失去兴趣的并不是工作本身，而是我们对待工作的态度。其实人生就是在挫折和失败中成长起来的，挫折和失败也许就是机遇、成功和展开人生光明卷轴的前奏，不要试图去抗拒它、改变它，试着去接纳它、善待它、享受它。

锦囊小贴士

放松训练

放松训练是指使身体的肌肉从紧张状态松弛下来，从而达到身心放松的一种训练过程。放松有两层意思，一是肌肉的松弛，二是心理的松弛，即消除紧张情绪。放松训练大致有三种类型：深呼吸放松法、想象放松法和由紧到松的放松训练。

1. 深呼吸放松法

呼吸放松有三种准备姿势，分别是坐姿、卧姿、站姿。①坐姿。坐在凳子或椅子上，身体与头部靠椅背，腹部微微收缩，双手自然放于大腿或椅子的扶手上，双脚着地，并与肩同宽，排除杂念，双目微闭。②卧姿。平稳地躺在床上或沙发上，双脚伸直并拢，双手自然地伸直，放在身体两侧，排除杂念，双目微闭。③站姿。此方法较难，站在地上(最好靠在墙边)，双脚与肩同宽，双手自然下垂，排除其他想法，双目微闭。

深呼吸放松法具体做法：采用腹式呼吸，双肩自然下垂，慢慢闭上双眼，然后慢慢地、深深地吸气，吸到足够多气时，憋气 2 秒钟，再把吸进去的气缓缓地呼出。自己要配合呼吸的节奏给予一些暗示和指导语：吸—呼—吸—呼—，呼气的时候尽量告诉自己我现在很放松、很舒服，注意感觉自己的呼气、吸气，体会深深地吸进来、慢慢地呼出去的感觉。这样每次重复呼吸 20~30 遍，每天 4~6 次。

这种方法虽然很简单，却常常有很好的放松效果。如果你遇到紧张的场合，或是不知道自己该怎么办、手足无措之时，不妨先做一次深呼吸放松。

2. 想象放松法

想象技术是最常用的技术之一，而且通常结合其他的一些方法，比如暗示、联想等。想象最能让自己感到舒适、惬意、放松的情景，通常是在大海边。例如我静静地躺在海滩上，周围没有其他的人，我感觉到了温暖的阳光照在身上，我触到了身下海滩上的沙砾，我全身感到无比的舒适；海风轻轻地吹来，带着一丝丝海腥味，海涛在轻轻地拍打着海岸，有节奏地唱着自己的歌，我静静地躺着，静静地倾听这永恒的波涛声……

自我想象放松可以自己在心中默念，节奏要逐渐变慢，配合自己的呼吸，自己也要积极地进行情境想象，尽量想象得具体生动，用心去感觉。初学者可在别人的指导下进行想象放松，也可以根据个人情况，自我暗示，或借助于磁带录音来进行。

由紧到松的放松训练：

放松的顺序：头部—手臂部—躯干部—腿部。当然，这一顺序并不是不能打乱的，可以根据自己的爱好选择合适的放松顺序。每天 4~6 次，每次 15 分钟，大约半个月便有明显效果。

注意：放松的时候，要配合一些暗示。比如在臂部放松时，可以给予这样的暗示：伸出右手；握紧拳头，使劲儿握，就好像要捏碎什么东西一样，注意手臂紧张的感觉(集中注意感觉肌肉紧张)……坚持一下……再坚持一下(保持紧张)……好，放松……现在感到手臂很轻松……很轻松。

这些方法虽然很简单，却非常适合职业倦怠者练习。通过放松训练使倦怠者肌肉松弛，痛苦和紧张焦虑情绪得到极大缓解，这能提高他们摆脱症状的自信心，减轻进入职场的恐惧。同时放松训练可以让职业倦怠者学会如何处理自己情绪的技术，在工作中加以运用，对减轻职业倦怠是很有帮助的。人的认知、情绪和意志是辩证统一的三方面，当放松训练使患者情绪得到改善后，相应对工作的认知也会进行调整，改变以往消极怠工的去个性化态度，而且意志力增强，工作的动机加强。

心理体验活动

试做心理医生

活动目的：保持健康心理，认识职业倦怠含义以及导致职业倦怠的原因、提高克服职业倦怠的心理素质。

活动步骤与要求：将同学分组，每 8 人分为一组，设小组长一名，体验活动在组内进行。可以轮流扮演患者和心理医生，根据所学知识给出解决方案，并说明理由。

案例资料

乏味的工作令国企员工职业倦怠，春节职业规划后重新出发

春节刚过，迎来欢乐活跃的猴年。一些职场人就乘着新年新气象，试图告别“灰色倦怠”，让自己的职业、心情都有个改变，调个方向，离理想更近一点。有这样一个职业咨询案例：

2016 年新年刚过，贾森有点烦。

他大学尚未毕业时就懵懵懂懂在一家服务类网站实习，担任网络编辑。这家有着政府背景的网站多多少少带着国企的性质，福利颇好，管理宽松，一时曾让还在四处奔波寻找的同窗羡煞。实习期过后，他就在那里继续做了下去。

一晃两年过去了，贾森的小日子过得甚是不错，一杯茶，ctrl+c 加上 ctrl+v，整理一下网站的内容，和同事调侃一下，抽空和女朋友打个电话哄哄她开心，逢年过节的还能拿个红包什么的。可是，只有贾森自己才知道，和他的体重一起增长的，还有愈来愈多的烦闷和迷茫。

在这样的国企里待的时间愈长，贾森愈对自己的选择产生了怀疑。一成不变的工作内容像白开水一样淡然无味，升职和加薪也要慢慢熬年头，自己就像那温水里的青蛙，在不知不觉中失去激情，忘却理想。新年伊始，贾森终于鼓起勇气，来到主任办公室，把自己的想法含含糊糊地说了。结果主任结结实实地教训了他一番，小伙子，要踏实，要谦虚……元旦和春节之间的一个月里，贾森乱极了，人际、工作、心态都处理不好，感觉自己完全没了方向……贾森郁闷得只想春节长长的假期赶快到来。

正当贾森想着也该有个新开始的时候，他在刷今日头条上的文章的时候阅读到了一篇职业规划文章，读完颇感有启发，又连读了几篇，发现对自己真的有巨大的帮助。他联系上了咨询顾问，希望能寻求专业人士的帮助，彻底解决他的职业问题。

咨询顾问在接到贾森的电话后，很快为他安排了向阳生涯资深职业规划师、中国职业规划师培训导师闫岭，并让贾森详细填写了自己的资料，以为咨询做准备。而为了迎接这生命中重要的咨询，贾森春节前提前请假来到了上海。

面谈咨询，细说职场路

腊月的上海天气干冷，但向阳生涯职业规划咨询室里暖意融融。在预约好的一对一面谈中，向阳生涯职业规划师闫岭告诉贾森，她这几天已经细致阅读了他的资料和自我描述，改变明天从盘点昨天开始，在眼下的职场中，像贾森一样的人不在少数，他们都处于"职业灰色倦怠"状态。到了辞旧迎新时，每个人都希望新年有新发展、新突破。对于一个成熟的职业人士来说，更应该清楚，只有盘点好昨日，盘点好自己的强势和弱势，深思熟虑之后，才能规划好来年的发展，好运气才会如约而至。

贾森告诉闫岭老师，其实他刚进入 2015 年时就萌生了跳槽的念头，他总觉得自己的价值不仅仅在于这简单的复制加粘贴。但是眼前一些感觉还不错的福利，以及对未来没有规划，不知如何把握，让贾森硬生生把跳槽的念头压了下去。

向阳生涯职业规划专家闫岭向他指出，正如她所推断的，贾森当前的情况正是处于"灰色倦怠"状态，像他这样的职业人士需把握很多问题，首先就是要破除这两三年里形成的惯性。惯性有一种让人心悸的力量。当一个人的工作和生活走上正轨后，惯性的力量就开始慢慢显现出来了。无声无息中，它可能已经成为你前进的障碍，让你顺着惯性的力量而不愿有所改变和突破。

闫岭老师理解贾森当前的处境，她说，人人都有惰性，因为改变是有风险的。很多人都会想，不如就习惯目前的生活吧，食之无味，却也弃之可惜。所以贾森处在这种心境中，虽然郁闷，却一直懒得动弹。

闫老师让他思考三个问题：

1. 对目前的工作状态真的满意吗？
2. 现在这样的生活就是自己一直所追求的吗？
3. 惯性到底给自己的职业生涯带来了多少懒散的问题？

贾森支支吾吾若有所思，却说不出来。闫岭老师继续为他分析："从表面上看，你是对眼前的工作状态感到厌倦，工作得不开心，对吧？实际上呢，深层次的主要原因，并非简单的惯性使然，而是你这两年来始终不能明确自己的职业定位，更找不到职业发展目标，始终处在探索之中，却又懵懵懂懂，不知道自己想要的到底是什么。"作为一名资深的职业规划师，闫岭补充道："任何时候，明确目标都是重中之重的呀！"

贾森想起来近期的经历，去年新来的一位女同事也对他产生了巨大压力，他却一直不服气，认为她有什么厉害的！职业规划师闫岭说，只有客观评估个人能力的人才能把握好发展方向，谦虚和踏实是必备的，却也不用妄自菲薄。比他晋升更快的那位同事也一定是有着自己的优势才能赢得主任的青眼相加，只是贾森身在庐山，才不能对自己及对他人正确相看。

深度分析，找准其定位

在和职业规划师闫岭的对话中，贾森越来越发现自己都不知道自己的能力到底有多少。闫岭老师在和贾森沟通了近两个小时后，为他梳理了工作、企业情况，并为其做了相关的职业性格测评，帮他定位和规划。

根据贾森的霍兰德职业性格测试以及 MBTI 人格测试等一系列测试、分析后的结果，职业规划师渐渐发掘出他的职业潜力层面的内容。测试结果表明，贾森具有个性活泼、思维敏捷、讲求创意；有较强整体构想能力、有针对性；做事有预见性但缺乏计划，文字处理能力较强；对市场感兴趣，并能做出较正确的分析等特点。

在与贾森沟通的过程中，闫岭老师还发现贾森一直以来对创意策划很感兴趣。大学里一直担任学生会组织部长的他，策划过多次活动，只是毕业后一直重复着网站的内容管理，原本极其活跃的性格渐渐有些沉寂下来。

再结合贾森优秀的文字组织能力，职业规划师闫岭认为贾森完全可以从广告策划上起步发展。贾森点头肯定，反复表示自己需要一个讲求思维创新度的职业让自己敏锐起来。

勇敢迈步，新年新开始

剩下的就要看贾森自己的行动了。既然已经找到了自己的职业定位和方向，那么，改变以及为此而付出的代价都在所难免。

贾森离开上海回到家乡后，趁着提前休假加上春节长假的十几天时间，他不仅好好梳理了自己的心态和状况，更主动搜集了多家广告公司的资料，通过向阳生涯职业规划师的建议，贾森有选择地投递了自己的简历。优秀的文字表达能力帮了贾森的忙。年后，在一家广告公司面试时，部门主管对他很满意，贾森如愿以偿地接到录取通知。尽管这样的起点并不高，贾森也需要离开待了两年多的国企，在新的岗位上重新开始，但他发现，这条自己选择的路，让他充满了许久未有的激情!

要求：

根据上述资料请梳理概括贾森心理问题的原因并给出预防类似问题发生的办法。

体验活动结果展示

各小组长将本组个人开出并提交的处方资料收齐，并就总体情况做出总结，在全班面前展示，供同学查验，要求有活动过程的介绍、活动后的新的认识。

任务评价

1. 小组活动评价标准

组长负责分配不同的组员去完成任务，组员要开出处方并运用知识说明理由，组长汇总要有具体的情景描述。组长负责组内分数评定：完成任务，得 30 分；如果有漏错等情况，分别给予扣减相应的分值。

（1）态度：服从组长分配，用心完成任务，根据所学知识发现自己的模糊认知，并找到自己问题的症结所在，与小组成员进行讨论，大胆阐明自己的对策和努力方向。

（2）互助与合作：帮助组内其他成员解决问题，与小组成员一起分享观点，分担任务和责任。

(3) 倾听：认真倾听他人的观点，并能针对其他成员的交流提出自己的观点与见解。

(4) 展示与效果：代表小组发言，能全面、准确地汇报小组共同学习成果。

小组成员评价意见如表 5-7 所示。

表 5-7　小组成员评价表

________小组名称　　　　　　　　　　　　　　　　组长：________

小组成员	态度 10 分	互助与合作 5 分	倾听 5 分	展示与效果 10 分

2. 教师评价标准

教师负责评价每组的任务完成情况，量化评价标准，对工作结果进行评价。总分值最高为 70 分。教师对小组进行评价的标准如表 5-8 所示。

表 5-8　小组学习评价指标

序号	评价指标	分值
1	能在规定时间内小组合作完成活动任务，顺利展示。观点正确，正确运用知识，发现问题恰当，有解决对策，表述逻辑性强	60~70
2	能在规定时间内完成体验任务，能做展示。有自己的观点，表述清楚	50~59
3	获得老师或其他组的帮助能完成工作任务，有展示	40~49

3. 教师点评

教师进行点评时，汇总小组内评价，教师对小组评价后进行总结点评，每个学生最后得分为所在小组分值加上成员评价分值。

学习任务5　力求职业适应

职业适应性是指一个人从事某项工作时必须具备的生理、心理素质特征。它是在先天因素和后天环境相互作用的基础上形成和发展起来的。职业适应性包括很多内容，但由于场合不同，可能会有不同的强调要点：工作效率，无事故倾向，最低能力和特性要求，熟悉工作速度，意愿适应，个人背景。

所谓天才那就是假话，勤奋的工作才是实在的。

——爱迪生

心灵故事

一年夏天，山城理念科技产业有限公司招聘了21名专业对口的应届毕业生。让人始料未及的是，在随后不到4个月的时间里，该公司陆续开除了其中的20名，仅仅留下了一名学历相对较低的职业院校毕业的专科生。

开始被公司除名的是两名来自某重点大学的计算机高才生。他们在第一次与客户谈完生意后，将价值3万多元的设备遗忘在出租车上。面对经理的批评，两人却振振有词地说："对不起，我们是刚毕业的学生。学生犯错误是常事，你就多包涵吧。"

随后被公司扫地出门的一名本科毕业的女大学生，喜欢睡懒觉，上班经常迟到，还在工作时间网购或上网聊天，经多次警告仍置若罔闻，最终被公司"开回家"。另有3名学生因"张狂"而被"卷了铺盖"。他们在与客户吃工作餐时，夸夸其谈，大声喧闹，弄得客户和公司领导连交谈的时机都没有。最让人难以接受的是，有一次，公司老总带领公司员工到外地搞促销，在海边租了一套别墅，有20多间客房，但员工有100多人，很多老员工甚至老总都只能睡在过道上。而有些新来的大学生却迅速给自己选定好房间，然后锁上房门独自看电视。这些学生好几次走出房门看见长辈睡在地上，竟都视而不见，不吭一声。此事又让几名大学生丢了饭碗。

最后被开除的是一名男生，在一次去外地独立执行业务谈判的任务时，因责任心不强和技术数据掌握不清楚而没有与对方谈妥业务，不仅致使老客户流失，还让公司白白花了几千元的差旅费。当领导问及此事，他却理直气壮："我没错，是他们喜欢变卦，你是领导我也不怕！"就这样，3个多月下来，20名大学生离开了公司。

而唯一没有被炒掉的幸运儿是一位女大专生。"我只是比别人更清楚，自己比别人少了什么东西。"在她看来，作为公司的一员，首先是对自己所在单位负责、对工作负责。在她的工作记录本封面上写着两个字：用心。她介绍说，因为刚接触工作，很多东西都需要学习掌握，自己就借公司其他员工的资料看，经常看到深夜。而且我特别喜欢问，公司上上下下的同事都被我问遍了，大家都"笑话"我是"十万个为什么"。正是这份勤奋和谦逊，让这位女大专生笑到了最后。

心理问题分析：

(1) 对学生角色的依恋。在职业生涯之初，把自己置于学生角色中，以学生角色的社会义务和规范来要求自己、对待工作，以学生角色的习惯方式来待人接物，容易与现实发生冲突。

(2) 畏惧职业角色。面对新环境惶然不知所措，不知工作从何下手；有些同学深感自己的综合素质难以胜任从事的工作，现有的知识结构不合理等产生一定的畏惧。因此在工作中怕担责任，怕出事故，怕闹笑话，放不开手脚，缺乏年轻人的朝气和锐气。

(3) 主观思想上自傲、工作作风上浮躁、理想与现实的冲突等。就业之初，从相对简单的学生角色转变到较为复杂的职业角色，理想与现实之间总有差距，面临困难和挑战这是情理之中的，也是正常的。要完成从学生角色到职业角色的转换，就要充分认识和认真对待这些矛盾和冲突，只有大胆面对现实，立足岗位努力学习，不断提高和完善自我，才能顺利实现角色的转换。

知识导航

一、职场和职业人

1. 职场

职场可以从狭义和广义来理解。狭义是指工作的场所；广义是指与工作相关的环境、场所、人和事，还包括与工作、职业相关的社会生活活动、人际关系等。

在职场中要注意职场政治和个人能力两个方面，社会中的政治和经济密不可分，在职场中职场政治和个人能力同样密不可分。职场精英们个个有能力、懂政治，个人能力表现为时间掌控能力、知识水平、现场问题解决能力；职场政治能力表现为判断自身所处环境的能力。

2. 职业人

职业人就是参与社会分工，自身具备一定的专业知识、技能和素质等，并能够通过为社会创造物质财富和精神财富，获得其合理报酬，在满足自我精神需求和物质需求的同时，实现自我价值最大化的这样的一类群体。用我们的话说，就是"干什么像什么"。

二、学校和职场的区别

1. 文化氛围不同

学校是寝室—教室—图书馆—食堂四点一线的简单而安静的生活方式，但在紧张的职场上，面临的社会环境是快速的生活节奏、紧张的工作和加班，没有了寒暑假、自由支配的时间少，还要承受不同地域的生活环境和习惯。

2. 人际关系不同

职场是各种为了特定目标集合在一起的组织的聚合体，职场以利益往来和利益交换为存在的基础。学校中人际关系比职场中纯粹得多，学生之间彼此没有直接的利益关系，是一个互助互利的短期结合。

3. 管理模式不同

学校里管理相对比较松散。职场上的职业人则是严格规定上下班的时间，不能迟到早退。

4. 存在的目的不同

学校的存在是为了教给学生知识，为社会输送人才；而职场的存在则是为了给社会、企业或老板创造更大的价值。

三、职业适应问题分析

职业适应涉及许多方面，包括从生理到心理的适应、从职业岗位到社会生活的适应。主要表现在以下五个方面：

1. 心理适应

包括观念和意识的适应，如树立竞争观念、协作观念。也包括角色适应、认知适应、情感态度适应、意志适应、个性适应等。

2. 生理适应

包括对工作时间、劳动强度以及紧张程度的适应等。由于一些工作需要三班倒或加班，有些毕业生不能很快适应。如出现头晕、头痛等现象。只要注意休息，及时调整作息时间，应该还是能够适应的。

3. 岗位适应

即对职业岗位的性质、特点的适应，岗位要求的适应，包括对劳动制度、岗位规范等的适应等。

4. 智能适应

即对工作岗位所需的知识、技术、能力的适应。

知识适应包括文化知识、专业知识、职业安全知识、职业卫生知识、职业道德知识的适应等。能力适应包括专业技术能力和一般工作能力两方面。专业技术能力是与职业岗位最为直接联系的，包括操作能力。一般工作能力主要是指具有获取信息的能力，分析问题、解决问题的能力，决策能力，创新能力，组织、经营、管理能力，独立工作能力，应变能力，竞争能力等。

5. 人际关系的适应

即能处理好与同事、上级领导等方面的关系。在新的环境中，有些毕业生由于性格等方面的原因，能很快与自己的同事和领导形成融洽的关系，很快就能找到自己的角色，而对于一些平时就比较内向或不善沟通的毕业生来说，在人际关系的互动上就会出现暂时的不适应，或需要花费很长的时间才能取得同事的认同。

四、如何实现职业适应

1. 调整心理状态，适应职业发展

首先要提高自己的心理承受能力和挫折容忍能力，能够受得住委屈，对别人的不理解能够泰然处之，干活不挑挑拣拣，利益面前，该争取争取，但不斤斤计较。

(1) 保持良好的心态。

(2) 尽快摆脱依赖心理。

(3) 树立充分的自信。

(4) 学会适当的忍耐。

(5) 让自己更加理性。

2. 调整生理状态，适应工作环境

在工作期间，如果你犯些什么懒病、娇病、馋病，每一件都可能给你带来非常严重的后果。

(1) 调整生理规律。

(2) 学会自己照顾自己。

3. 调整生活状态，适应岗位需要

年轻人容易将事情看得简单而理想化，在跨出校门之前，都对未来充满憧憬，初出校门的学生不能适应新环境，大多与其事先对新岗位估计不足、不切实际有关。当他们按照这个过高的目标接触现实环境时，许多所谓的“现实所迫”让他们在初入职场时就走了弯路，以至于碰了壁还莫名其妙、不知所措。往往会产生一种失落感，感到处处不如意、事事不顺心。

(1) 学会树立目标。

(2) 发现兴趣、培养兴趣。

(3) 钻研岗位。

4. 完善智能结构，适应技能需求

刚出道的新人可能文凭比单位里一些前辈要过硬，但是经常会出现这样的情况：刚刚工作的学生什么都不会。因为在学校里的时候，我们比较注重的是学习理论知识，然而到了职场上，更注重的是动手能力和累积的经验。要求做到：

(1) 学会在工作中学习。

(2) 树立创新意识。

(3) 善于从小事和基层做起。

(4) 不断追求完美。

5. 人际关系适应

刚走上工作岗位的新人最容易犯的毛病是过于高傲。把姿态放低一点，恰当的礼貌往往会赢得好感。无论对领导还是同事，无论喜欢还是讨厌，都要彬彬有礼。对待年长的同事，如果他没有职务，不妨称呼“某老师”或“某师傅”，因为他们有很多工作经验值得你学习。要牢记：

（1）吃亏是福，不要过分计较一时一地的得失。

（2）融入“老前辈”的圈子。

（3）不居功自傲。

（4）学会用“同理心”待人处事。

锦囊小贴士

职业适应的注意细节

1. 讲究职场礼仪

（1）学会与人沟通。

（2）主动展现热情的个性。

（3）抱着学习的态度。

（4）肯吃苦和吃亏。

2. 加强交流与沟通

3. 从小事做起

（1）做好每一件小事。

（2）独立做好分内的工作。

4. 遵守单位的规定

（1）不越雷池半步。

（2）不妄加评论单位的制度和规定。

（3）了解单位的“潜规则”。

5. 注意生活细节

（1）避免太书生气。

（2）不要轻易向同事借钱。

6. 留下良好的第一印象

（1）第一印象的作用：前摄作用，即先入为主的作用；光环效应亦称晕轮效应；定势作用亦称定势效应。

（2）树立良好的第一印象：衣着整洁，言谈举止得体，守时守纪，保守秘密。

心理体验活动

试做心理医生

活动目的：保持健康心理，提高职业适应的心理素质。

活动步骤与要求：将同学分组，每 8 人分为一组，设小组长一名，体验活动在组内进行。可以轮流扮演患者和心理医生，根据所学知识给出解决方案，并说明理由。

案例资料

案例情景：下面是邯城职业学校毕业生李某中的自述和辞职信。

李某自述：我是个性格很内向很懦弱的人，刚工作特别不适应，不会拒绝，不爱主动说话，让我问别人问题真的像天大的难事一样，都是使劲逼自己去和别人交流，同事们和领导觉得我融入他们很慢，本来所学的专业和工作是对口的，但感觉做工作也很困难，自己觉得每天都很压抑，有段时间请了两周的假来逃避。最近稍微有些抑郁了，现在到公司上班快一年了，对上班依然很逃避。我觉得还是得自己想明白，对于我来说换个工作环境我依然会社交恐惧，依然会压抑，主要还是得改变自己，实在不行就请假缓缓或者辞职干点别的吧。

辞职信

公司领导：

自去年9月1日来本公司正式上班，恍然间已是一年有余。我从一个刚走出校门的青年学生，带着天真和对未来的无尽想象来到公司开始人生的另一个起点。在这里我要非常感谢公司这么长时间以来对我的培养和照顾，在我犯错后意志消沉时能给我鼓励与鞭策，在我失败时给我加油打气，使我慢慢地学会做事，学会如何去处理同事之间的关系，慢慢能够适应这个社会。但是由于自己本身的性格与能力方面的欠缺，使得自己已经无法跟上公司快速发展的脚步。也正是因此，之前一段时间也给公司造成了不小的损失，对此我感到非常的遗憾。为了不成为公司飞速发展的绊脚石，经过深思熟虑，我郑重向公司提出辞职，望公司给予批准!

申请人：李某中

11月12日

要求：请你结合所学的心理学知识，给出治疗方案。

体验活动结果展示

各小组长将本组个人开出并提交的处方资料收齐，并就总体情况做出总结，在全班面前展示，供同学查验，要求有活动过程的介绍、活动后的新的认识。

任务评价

1. 小组活动评价标准

组长负责分配不同的组员去完成任务，组员要开出处方并运用知识说明理由，组长汇总要有具体的情景描述。组长负责组内分数评定：完成任务，得30分；如果有漏错等情况，分别给予扣减相应的分值。

(1) 态度：服从组长分配，用心完成任务，根据所学知识发现自己的模糊认知，并找到自己问题的症结所在，与小组成员进行讨论，大胆阐明自己的对策和努力方向。

(2) 互助与合作：帮助组内其他成员解决问题，与小组成员一起分享观点，分担任务和责任。

(3) 倾听：认真倾听他人的观点，并能针对其他成员的交流提出自己的观点与见解。

(4) 展示与效果：代表小组发言，能全面、准确地汇报小组共同学习成果。

小组成员评价意见如表5-9所示。

表 5-9　小组成员评价表

______小组名称　　　　　　　　　　　　　　　　　　　　　　　　　　组长：______

小组成员	态度 5 分	互助与合作 10 分	倾听 10 分	展示与效果 5 分

2. 教师评价标准

教师负责评价每组的任务完成情况，量化评价标准，对工作结果进行评价。总分值最高为 70 分。教师对小组进行评价的标准如表 5-10 所示。

表 5-10　小组学习评价指标

序号	评价指标	分值
1	能在规定时间内小组合作完成活动任务，顺利展示。观点正确，正确运用知识，发现问题恰当，有解决对策，表述逻辑性强	60~70
2	能在规定时间内完成体验任务，能做展示。有自己的观点，表述清楚	50~59
3	获得老师或其他组的帮助能完成工作任务，有展示	40~49

3. 教师点评

教师进行点评时，汇总小组内评价，教师对小组评价后进行总结点评，每个学生最后得分为所在小组分值加上成员评价分值。

学习任务6　了解创业与创新

创业的本质在于把握机会，创造性的资源整合、创新和快速行动。所以说创业的本质是创新，创新是创业的灵魂，两者之间存在密切的内在联系。

创新是以新思维、新发明和新描述为特征的一种概念化过程。起源于拉丁语，它原意有三层含义：第一，更新；第二，创造新的东西；第三，改变。只要是创业，就有一个从无到有的过程，所以说创新是创业的基础，创业推动着创新。

> 这个世界不是因为你能做什么，而是你该做什么。
>
> ——马云

心灵故事

炫彩车模炫出第一桶金

王宇枫就读于烟台信息工程学校，学习电子商务，在说起开车模专营店时表示，他最初只是为了男孩子喜爱汽车的梦想，但是参与到其中之后，才明白光有梦想是不能创业的，还需要有其他各方面的协助才行。王宇枫认为，车模店并不是一个独特的小店无法模仿，怎样在同质化的过程中让自己的产品与众不同，才是创业成功的关键，于是他找来了汽车专业的同学共同加入。“我喜欢车，我的伙伴熟悉汽车，我们可以有一个非常好的搭配。”王宇枫所说的搭配就是按照顾客的需求对车模进行改装。他的这一举措得到不少车模爱好者的青睐，小店的生意也逐渐红火，开业3个月便收入48000多元，这人生第一桶金，大大超过王宇枫的预期。尝到甜头的王宇枫，又把车模店开到了网上，区分了不同的顾客群，让所有光顾小店的人都能找到适合自己需求的车模。“我是学电子商务的，对于网购这种形式再熟悉不过，运用好它对我的店未来的发展有很重要的意义。”王宇枫对未来满怀憧憬。

心理问题分析：

王宇枫的指导老师孙焕玉，在谈到王宇枫的创业时给出了“目标明确，有创业欲望”的评价。孙老师认为，一个创业者不能没有欲望，这种欲望就是想要创业成功的决心，而对于青少年学生来说，这点尤其重要。除此之外，孙老师还认为，无论什么样的创业者，他的创业目标必须明确，有目标才会有方向。王宇枫正是知道要开车模店，所以才找到汽车专业的搭档，要想把生意做大，又开了网店。王宇枫一步步方向明确地朝着目标进发，创业之路已取得了初步成功。

知识导航

一、创新与创业的基本概念

1. 创新的基本概念

（1）创新的含义：创新是人类特有的认识能力和实践能力，是人类主观能动性的高级表现形式，是推动民族进步和社会发展的不竭动力。

随着人们对现代社会的科学、技术与经济发展、社会进步关系的研究的深入，将会产生对于创新概念的更为深刻的理解。

（2）创新的分类：目前主要根据创新活动中创新对象的不同，把创新分为知识创新和技术创新等。

① 知识创新是指通过科学研究获得新的基础科学和技术科学知识的过程。知识创新为人类认识世界、改造世界提供新理论和新方法，为人类文明的进步和社会的发展提供不竭动力。

② 技术创新是指企业应用创新的知识和新技术，采用新的生产方式和经营管理模式，提高产品质量，开发生产新的产品，提供新的服务，占据市场并实现市场价值。

③ 知识创新与技术创新作为人类创新活动的主要方面，互相之间存在着复杂的交互作用。知识创新是技术创新的基础，技术创新是知识创新的应用与发展。

（3）创新的意义：

① 对一个国家来说，创新是一个民族进步的灵魂，是一个国家兴旺发达的动力。随着竞争的加剧，能否创新已成为一个国家发展与发达的关键。创新是带有氧气的新鲜血液，是一个国家的生命。

② 对个人而言，创新是一个人在工作乃至事业上永葆生机和活力的源泉。具体而言，创新将决定一个人的发展前途、事业高低、勇气谋略等。

2. 创业的基本概念

（1）创业的含义：通常意义上，创业是人类社会生活中一项最能体现人的主体性的社会实践活动。它是一种劳动方式，是一种需要创业者组织、运用服务、技术、器物作业的思考、推理、判断的行为。

创业有广义和狭义之分。广义的创业，是指社会生活各个领域里的人们为开创新的事业所从事的社会实践活动，其突出强调的是主体在能动性的社会实践中所体现的一种特定的精神、能力和行为方式。狭义的创业是一个经济学的范畴，是指主体以创造价值和就业机会为目的，通过组建一定的企业组织形式，为社会提供产品服务的经济活动。

（2）创业的分类：创业主要有独立型创业，复制型创业和创新型创业。创新型企业是指企业主通过提供有创造性的产品或服务，填补了市场需求的空白。它的价值在于能够提供企业所提供的具有创造性的产品和服务，来满足市场以及社会不断增长的物质和文化需求。

(3) 创业的意义：

① 对社会而言，创业可以促进国家经济发展与科技创新，创造巨大的经济效益和物质财富，同时还增加了社会就业率，丰富了就业渠道，特别对于缓解我国目前存在的就业压力更是具有重要的作用和深远的意义。并且，人们的创业实践活动还具有推动我国创新教育发展和加快培养创新型人才的功能，以满足和适应人们以创业需要为宗旨的教育实践。

② 对个人而言，创业过程中会遇到各种各样的困难与风险，在解决这些问题的同时增强了自身的综合能力，使自己不断地成熟。

(4) 创业者应具备的心理素质：想创业、敢于创业，是创业成功的必要前提。创业者应具备独立、合作、果断、克制、坚韧和适应性强等心理素质，这些心理素质可以在日常的生活和学习以及工作中进行锻炼、得到提高。

① 独立、自主的心理素质。创业者要有独立自主的个性品质，它主要体现在：自主抉择，即在选择人生道路、创业目标时，有自己的见解和主张；自主行为，即在行动上很少受他人影响和支配，能按自己主张决策贯彻到底；行为独创，即能够开拓创新，不因循守旧、步人后尘。

② 善于交流、合作的心理素质。创业需要与客户、公众媒体、企业内部员工打交道，需要通过语言、文字等多种形式，与周围的人进行有效的交流与沟通。创业需要通过合作排除障碍、化解矛盾、增强信任，降低工作难度，合作有助于事业的成功。

③ 敢于承担风险、勇于拼搏的心理素质。在市场经济大潮中，机会与风险共存。只要从事创业活动，就必然有风险伴随，事业的范围和规模越大，取得的成就越大，伴随的风险也越大，需要承受风险的心理负担也就越大。立志创业，必须有胆有识、敢于实践、敢冒风险。

④ 克服盲目冲动的心理素质。在创业过程中，创业者要善于克制、防止冲动，积极有效地控制和调节自己的情绪，使自己的活动始终在正确的轨道上进行，不会因一时的冲动而引起缺乏理智的行为。

⑤ 坚持不懈、不屈不挠、顽强努力的心理素质。创业者需要百折不挠、坚持不懈的毅力和意志。能够根据市场的需要和变化，确定正确而且令人奋进的目标，并带领员工摆脱逆境实现目标。创业者必须有一颗持之以恒的进取心。

⑥ 善于进行自我调节、适应性强的心理素质。面对市场的复杂变化和激烈竞争，创业者能否灵活地调整自我，适应变化，成为创业成功的关键所在。创业者应具有较强的适应性，要有周全的考虑，善于总结经验和吸取教训，能够面对现实及时做出适当的调整，为将来积蓄力量。

二、创业和创新的关系

1. 创新与创业的契合

虽然创业与创新是两个不同的概念，但是两个范畴之间却存在着本质上的契合、内涵上的相互包容和实践过程中的互动发展。第一次提出创新概念的奥地利著名经济学家熊波特认为，创新是生产要素和生产条件的一种从未有过的新组合，这种新组合能够使原来的成本曲线不断更新，由此会产生超额利润或潜在的超额利润。创新活动的这些本质内涵，体现着它与创业活动性质上的一致性和关联性。一方面，创新是创业的基础，而创业推动着创新。从总体上说，科学技术、思想观念的创新，在促进人们物质生产和生活方式的变革，引发新的生产、生活方式，进而为整个社会不断地提供新的消费需求，这是创业活动之所以源源不断的根本动因；另一方面，创业在本质上是人们的一种创新性实践活动。无论是何种性质、类型的创业活动，它们都有一个共同的特征，那就是创业是主体的一种能动的、开创性的实践活动，是一种高度的自主行为，在创业实践的过程中，主体的主观能动性将会得到充分发挥和张扬，正是这种主体能动性充分体现了创业的创新性特征。

2. 创业与创新的相互作用

（1）创新是创业的本质与源泉。经济学家熊波特曾提出，“创业包括创新和未曾尝试过的技术”。

创业者只有在创业的过程中具有持续不断的创新思维和创新意识，才可能产生新的富有创意的想法和方案，才可能不断寻求新的模式、新的思路，最终获得创业的成功。

（2）创新的价值在于创业。从一定程度上讲，创新的价值就在于将潜在的知识、技术和市场机会转变为现实生产力，实现社会财富的增长，造福于人类社会。而实现这种转化的根本途径就是创业。创业者可能不是创新者或是发明家，但必须具有能够发现潜在的商机和敢于冒险的精神；创新者也并不一定是创业者或是企业家，但是创新的成果则是经由创业者推向市场，使潜在的价值市场化，创新成果也才能转化为现实生产力。这也侧面体现了创新与创业的相互关联。

（3）创业推动并深化创新。创业可以推动新发明、新产品或是新服务的不断涌现，创造出新的市场需求，从而进一步推动和深化各方面的创新，因而也就提高了企业或是整个国家的创新能力，推动经济的增长。

通过以上对于创业与创新关系的论述，我们知道其相互内在相关、密不可分，并且了解了创业与创新的联合对于解决我国目前就业问题至关重要，大到影响我国的发展与前景。由于创新与创业的密切关系，我国高等院校的创业与创新教育应该相互渗透融合，弘扬创新创业精神，健全创新创业机制，完善创新与创业的环境，加强产学研结合，加强创新与创业的交叉渗透和集成融合，并且不断地在实践中结合，从而推动社会的可持续发展。

课程感想：

我们每一位青年学生都应该具备创新精神，创新是一个民族进步的灵魂，是一个国家兴旺发达的不竭动力，在市场竞争激烈、产品生命周期短、技术突飞猛进的今天，不创新，就会灭亡。创新是企业生存的根本，是发展的动力，是成功的保障。在今天，创新能力已成了国家的核心竞争力，也是企业生存和发展的关键，是企业实现跨越式发展的第一步。同时也让我们在校期间得到了锻炼，为以后自己在就业、创业的路途上铺上了垫脚石。

心理体验活动

活动目的：进一步认识创新、创业的含义与特点，提高创新、创业的心理素质。

活动步骤与要求：将同学分组，每 8 人分为一组，设小组长一名，体验活动在组内进行。根据所学的知识结合材料进行自我诊断，提出问题及其改进措施。调查访问要形成调查报告，写出自己的创新创业规划，调查中发现的问题要根据所学知识给出解决方案，并说明理由，在小组内讨论交流。

案例资料

1. 自我诊断

了解创业者必须具备的心理素质，根据创业者必须具备的心理素质，对“现在的你”进行一下自我诊断，然后写出改进措施。

创业者素质特点	自我诊断结论			改进措施
	强	中	弱	
独立性				
合作性				
果断性				
克制性				
坚韧性				
适应性				

2. 资料搜集

(1) 搜集一些成功企业家的人物传记和报道。

(2) 搜寻出身于贫民家庭的企业家的成长经历。体会创业意识形成、创业心理调适、创业能力提高的方法、学习经济思想和经营策略。

3. 角色扮演

集体讨论，群策群力，考虑适合自己所学专业特点的创业项目有哪些。分组模拟这些创业项目的经营，分别扮演经营者、雇员、客户，从不同角度品味不同角色的行为和心理。

4. 调查访问

了解本校毕业生的创业情况，访问他们的企业，请他们谈谈创业的酸甜苦辣。

5. 形成创业规划

通过本任务的学习体验，你的新想法是什么？结合其他科目的学习，按照发展条件分析、发展目标确定、发展台阶构建、发展措施制定四个部分形成自己的职业生涯规划。

体验活动结果展示

各小组长将本组个人提交的资料收齐，并就总体讨论情况做出总结，在全班面前展示，供同学查验，要求有活动过程的介绍、发现的问题以及改进措施及其理由。

任务评价

1. 小组活动评价标准

组长负责组织组内讨论活动并进行总结，要有具体的情景描述和总体情况的分析。组长负责组内分数评定：完成任务，得 30 分；如果有漏错等情况，分别给予扣减相应的分值。

(1) 态度：服从组长分配，用心完成任务，根据所学知识找到自己的症结所在，与小组成员进行讨论，大胆阐明自己的对策。

（2）互助与合作：帮助组内其他成员解决问题，与小组成员一起分享观点，分担任务和责任。

（3）倾听：认真倾听他人的观点，并能针对其他成员的交流提出自己的观点与见解。

（4）展示与效果：代表小组发言，能全面、准确地汇报小组共同学习成果。

小组成员评价意见如表 5-11 所示。

表 5-11 小组成员评价表

________小组名称　　　　　　　　　　　　　　　　　　组长：________

小组成员	态度 10 分	互助与合作 5 分	倾听 5 分	展示与效果 10 分

2. 教师评价标准

教师负责评价每组的任务完成情况，量化评价标准，对工作结果进行评价。总分值最高为 70 分。教师对小组进行评价的标准如表 5-12 所示。

表 5-12 小组学习评价指标

序号	评价指标	分值
1	能在规定时间内小组合作完成活动任务，顺利展示。观点正确，表述逻辑性强	60~70
2	能在规定时间内完成体验任务，能做展示。有自己的观点，表述清楚	50~59
3	获得老师或其他组的帮助能完成工作任务，有展示	40~49

3. 教师点评

教师进行点评时，汇总小组内评价，教师对小组评价后进行总结点评，每个学生最后得分为所在小组分值加上成员评价分值。

参 考 文 献

[1] 萝莉.微表情心理学 [M].北京:民主与建设出版社,2016.
[2] 中国职业技术培训中心,中国心理卫生协会.心理咨询师基础知识 [M].北京:中国劳动社会保障出版社,2017.
[3] 唐海波.心灵探秘[M].长沙:中南大学出版社,2019.
[4] 舒娅.心理学入门 [M].北京:中国纺织出版社,2018.
[5] 黄希庭,郑涌.心理学导论[M].北京:人民教育出版社,2016.
[6] 聃龄.普通心理学[M].北京:北京师范大学出版社,2019.